bon temps 風格生活╳美好時光

Almond-Coconut Granola

日日餐桌

The Best Day for Cooking

120道

常備菜・早午餐・今日特餐・
韓式小菜・單盤料理・療癒料理・聚會餐點，
天天都是下廚好日子

洪抒佑／著　林芳仔／譯

前言

　　小時候因為父母工作的緣故，我們經常搬家，在首爾、全州、光州、務安等地居住過，之後又獨自到澳洲留學。也因為這樣的經歷，我幸運地能夠接觸到多元的料理及飲食文化。年幼時住在鄉下的奶奶家，偷學奶奶做菜，是我開始接觸烹飪的第一步。奶奶曾說她那時看到小學二年級的我用小小的雙手，做出辣炒年糕和海帶湯時嚇了一大跳呢！

　　在澳洲留學時，我多是自己下廚。在澳洲當地很難吃得到燉牛小排、血腸湯飯、豬腳等韓國料理，所以我通常一次做20人份左右，再分享給各國的留學生朋友們。看到他們吃得津津有味並對我微笑的表情，就能讓我湧現力量，撐過艱苦的留學生活。吃過我做菜的朋友還笑著要我乾脆別學現代美術，轉到廚藝學校去學做菜算了！

　　在澳洲最棒的優點是居住了許多來自世界各地不同國家、不同文化的人，因此可以吃到各種異國美食。也因為這段時間的薰陶，無論東西式各種料理我都很願意去品嘗、學習、試做，如今我將這些經驗加以融合，創造出屬於我自己風格的獨特食譜。做出好吃的料理之後，我進一步想讓料理變得更賞心悅目，讓眼睛也能享受美食，便開始研究擺盤藝術以及讓料理拍起來更美味的攝影技巧。我將照片和食譜放到我在Kakao Story和Instagram的個人專頁分享給大家。很幸運地獲得許多人的喜愛，更進而有了出版這本食譜的機會。

　　透過「料理」，無論製作的人或是品嘗的人，都能夠藉此轉換心情。每個人、每一天都有不同的心情和狀態，忙碌的時候、沮喪的時候、舉辦聚會的時候、想享受優閒時光的時候……每種心情和狀態下，適合的料理也不盡相同。本書收錄多樣化的食譜，就是希望人人都能找到符合當天心情或狀態的食譜，並自己動手做出來。如此一來，即使是再平凡的「今日」，也因為烹調了自己喜愛的料理，讓平凡的「今日」變得有些與眾不同吧！本書食譜內容以簡單易懂的方式呈現，無論是誰都可以跟著食譜解說做出美味的料理。

　　料理能承載人的心意是其特別之處。暖暖的一碗牡蠣湯飯，對某些人來說是能感受到媽媽的溫暖的回憶料理，對某些人則是恢復體力的療癒料理。這些對飲食的記憶也會累積成為生命的一部分。即使是一碗簡單的湯飯，也可能是某個人生命中忘不掉的味道，在心靈疲憊或身體虛弱的時候就能填滿能量。本書將這些承載了我無限回憶的食譜分享給大家，衷心希望看到這本食譜並親手做這些料理的人，都能擁有更幸福、更豐盛的用餐時光。

Contents

◆ 前言 ………… 007

Guide 讓做菜變愉快的 基本指南

◆ 主宰味道的基本調味料 ………… 014
◆ 使味道更加分的調味料 ………… 018
◆ 使料理更豐盛的食材 ………… 023
◆ 使烹飪更簡便的調理器具 ………… 026
◆ 本書的食材計量法 ………… 028
◆ 料理的基礎，切食材 ………… 029

Part 1 平凡的一天，為日常生活增添暖意的 今日特餐

〔INTRO為料理注入靈魂的萬用高湯〕 ………… 032

◆ 綜合菇炊飯 ………… 035
◆ 海鮮陶鍋飯 ………… 036
◆ 鮪魚沙拉飯糰 ………… 039
◆ 牛肉蘿蔔飯 ………… 041
◆ 地瓜飯 ………… 044
◆ 牛肉茄子飯 ………… 046
◆ 蘿蔔纓飯 ………… 049
◆ 牛五花大醬湯 ………… 051
◆ 櫛瓜豆腐蝦米湯 ………… 052
◆ 蕈菇紫蘇籽辣湯 ………… 055

◆ 牛肉蕈菇湯 ………… 056
◆ 花蟹湯 ………… 059
◆ 蛤蜊麵疙瘩 ………… 062
◆ 魷魚黃豆芽湯 ………… 065
◆ 嫩豆腐牡蠣鍋 ………… 067
◆ 韓式辣牛肉湯 ………… 068
◆ 韓式清燉牛肉鍋 ………… 070
◆ 牛五花韭菜沙拉 ………… 072
◆ 韓式砂鍋牛肉 ………… 074
◆ 酸泡菜燉豬肉 ………… 077

Part 2 忙碌的日子，無論什麼時候回到家，都能配飯吃的 **韓式小菜**

〔INTRO食材保鮮貯存方法〕 ………… 080

◆ 醬燒獅子辣椒馬鈴薯 ………… 083　　◆ 蕈菇煎餅 ………… 105

◆ 薑汁燒肉 ………… 084　　◆ 韓式醬牛肉 ………… 106

◆ 茄子牛肉卷 ………… 086　　◆ 辣炒魷魚絲 ………… 109

◆ 醬燒豆腐 ………… 089　　◆ 蝦仁韭菜煎餅 ………… 111

◆ 韓式涼拌生菜 ………… 091　　◆ 炒堅果蝦乾 ………… 113

◆ 海鮮包飯醬 ………… 092　　◆ 醬燒鯖魚 ………… 116

◆ 辣炒魷魚豬五花 ………… 096　　◆ 唐揚炸雞 ………… 119

◆ 牛肉辣醬 ………… 099　　◆ 醬燒地瓜雞翅 ………… 120

◆ 涼拌豆腐小黃瓜 ………… 100　　◆ 醬燒蓮藕 ………… 123

◆ 韓式乾炒蔓越莓杏仁小魚 ………… 103

Part 3 想吃不一樣的料理時，一盤就能搞定的 **單盤料理**

〔INTRO家裡的菜餚和餐桌也要美美的，餐桌布置及擺盤〕 ………… 126

◆ 鳳梨炒飯 ………… 128　　◆ 泰式炒河粉 ………… 149

◆ 奶油薤白燉飯 ………… 133　　◆ 泰式豬肉炒飯 ………… 151

◆ 海鮮番茄燉飯 ………… 134　　◆ 西班牙海鮮飯 ………… 152

◆ 菠菜青醬義大利麵 ………… 137　　◆ 日式炒麵 ………… 156

◆ 茄汁肉丸 ………… 138　　◆ 親子丼 ………… 159

◆ 鮭魚茶泡飯 ………… 143　　◆ 韓式黃豆芽涼拌麵 ………… 161

◆ 大阪燒 ………… 144　　◆ 薄冰蕎麥冷麵 ………… 163

◆ 蔬菜烏龍冷麵 ………… 146

Contents

Part 4　需要慰藉時，讓身體和心情都變輕盈的 **療癒料理**

〔INTRO搭配健康沙拉的沙拉醬〕 ………… 166

◆ 蝦仁螺旋麵沙拉 ………… 169
◆ 酪梨番茄佐麵包 ………… 171
◆ 高麗菜沙拉 ………… 173
◆ 墨西哥沙拉 ………… 174
◆ 起司通心麵 ………… 178
◆ 綠色沙拉 ………… 181
◆ 牛肉義大利麵沙拉 ………… 182

◆ 希臘沙拉 ………… 185
◆ 匈牙利燉牛肉 ………… 189
◆ 蛤蜊巧達濃湯 ………… 191
◆ 蟹肉湯 ………… 193
◆ 蒜香白酒淡菜 ………… 195

Part 5　優閒的時光，享受咖啡館style的 **早午餐**

〔INTRO和早午餐一起享用的飲品〕 ………… 198

◆ 西班牙烘蛋 ………… 200
◆ 番茄普切塔 ………… 205
◆ 魷魚沙拉 ………… 207
◆ 義式涼拌小番茄 ………… 209
◆ 核桃杏仁法式土司 ………… 211
◆ 班尼迪克蛋佐荷蘭醬 ………… 212

◆ 蝦仁塔可 ………… 215
◆ 泡菜布瑞托 ………… 217
◆ 奶油煎迷你馬鈴薯 ………… 219
◆ 菠菜蘑菇歐姆蛋 ………… 221
◆ 蔓越莓鮪魚三明治 ………… 225

Part 6 特別的日子，感動人心的 聚會餐點

〔INTRO使氣氛和美食更加分的葡萄酒〕………… 228

◆ 韓式燉牛小排 ………… 230
◆ 法式紅酒燉雞 ………… 232
◆ 西班牙香蒜辣蝦 ………… 235
◆ 經典義大利冷麵沙拉 ………… 239
◆ 自製牛肉漢堡 ………… 241
◆ 美式肉餅 ………… 243
◆ 香檸炸雞 ………… 245

◆ 東坡肉 ………… 246
◆ 鮭魚排 ………… 248
◆ 日式千層火鍋 ………… 250
◆ 蘆筍培根卷 ………… 255
◆ 烤雞 ………… 256
◆ 蒜香奶油蝦 ………… 258

Part 7 一年四季都能守護餐桌的 手作常備食品

〔INTRO貯藏美味，漂亮保存〕………… 262

◆ 糖煮無花果 ………… 265
◆ 糖煮藍莓 ………… 267
◆ 鳳梨果醬 ………… 269
◆ 番茄果醬 ………… 271
◆ 柳橙柑橘醬 ………… 273
◆ 糖漬萊姆 ………… 277
◆ 糖漬葡萄柚 ………… 279

◆ 蘿蔔洋蔥醬菜 ………… 281
◆ 獅子辣椒醬菜 ………… 283
◆ 球芽甘藍泡菜 ………… 287
◆ 柚香蓮藕泡菜 ………… 289
◆ 綠紫蘇葉青醬 ………… 291
◆ 羅勒青醬 ………… 293

讓做菜變愉快的

基本指南

我第一次擁有自己廚房的那個時刻，到現在還記憶猶新。動手整理那些全新的烹調工具和調味料時，心中那股激動至今仍無法忘懷。使用親自購買來的器具和新鮮的食材，製作出美味的料理，再美美地盛盤並精心布置餐桌，無論是製作料理的人，還是品嘗料理的人都一定能感受到滿滿的幸福。偶爾使用一些可愛別緻的餐具或是新發現的食材，就能為平凡的日常生活增添一點小確幸。

主宰味道的基本調味料

① **香油**

以白芝麻為原料提煉製作，具有濃烈香氣的天然油脂。製作涼拌菜和韓式拌飯時經常使用。

② **鹽**

賦予料理鹹味的調味料，調整基礎鹹淡時使用。

③ **紫蘇籽油**

以紫蘇籽為原料提煉而成的油脂，常溫下容易酸化，開封後請放入冰箱冷藏保存。製作蔬菜料理時經常使用。

④ **濃醬油**

同一般醬油或日式濃口醬油。在韓國，五年以上熟成的醬油稱為濃醬油，色澤較深，具有甘甜味，不死鹹，味道濃厚香醇。應用範圍較廣，炒菜、燒烤、醃製或是製作涼拌菜都可以使用。

⑤ **白砂糖**

增加甜味使用的調味料。近年來因為健康和減重的意識高漲，料理中砂糖的使用量愈來愈少了。

⑥ **醋**

增加酸味使用的調味料。食用醋依據原料的不同，種類也相當多元，常見的有糯米醋、蘋果醋、檸檬醋等。

⑦ **胡椒粉**

具有調味和去腥的作用。

⑧ **湯醬油**

同日式淡口醬油或薄口醬油，熟成年份較短，約1~2年的醬油，顏色較淡，但是鹹度較高，烹調湯、蔬菜、海鮮等較淺色的料理時使用，可以使食材維持原來的色澤和味道。

① Sesame Oil

② SALT

③ Perilla Oil

④ k Soy Sauce

⑤ SUGAR

⑥ Vinegar

⑦ Black Pepper

⑧ Soy Sauce

即使是同樣的材料、同樣的烹調方法，
只要使用不同的調味料
就能展現完全不同的風味。
熟悉主宰料理味道的基本調味料，
並加以活用，製作美味的料理吧！

⑨ Sesame Seed

⑩ Soybean Paste

⑪ PLUM SYRUP

⑫ Olive oil

⑬ and lance
sh Sauce

⑭ d pepper Paste

⑮ Oligosaccharide

⑯ ried Red
pepper Powder

⑨ **白芝麻**

白芝麻是韓國家常菜常用的辛香料，具有迷人香氣。富含不飽和脂肪酸，有益肌膚。乾炒過放涼後用密封容器貯存，直接撒在完成的菜色上點綴，或是磨成粉狀使用。

⑩ **韓國大醬**

用黃豆製成豆麴磚後，再經過浸泡、發酵調合而成的韓國傳統醬料，韓國湯品常用調味料，也可以製作涼拌菜，或調配燒烤料理的醬汁。

⑪ **梅汁**

用梅子和砂糖醃製而成，有助於消化。製作肉類料理時使用，能去除肉腥味，同時也增加料理的甘甜味，還可以兌水調製成飲品飲用。

⑫ **橄欖油**

從橄欖果實萃取出的食用油，含有豐富的不飽和脂肪酸，可以拌沙拉，或是用來油炸、炒菜。

⑬ **魚露**

鮮魚發酵後熬煉而出的汁液，味道帶有鹹味和鮮味。常用於製作韓國泡菜、煮湯。

⑭ **韓國辣椒醬**

融合了辣味、甜味、鹹味的韓國代表性醬料，可以用來煮湯、燉菜、燒烤等，用途廣泛。

⑮ **果寡糖**

果寡糖含有膳食纖維，替代砂糖添加在料理中較健康。果寡糖的熱量比砂糖低，具有抑制體內吸收脂肪酸並降低膽固醇的功效。

⑯ **韓國辣椒粉**

增加辣味的調味料，也可以使料理增添紅豔的色澤。

使味道更加分的調味料

① **料理酒**

料理用的酒，可以去除肉類或海鮮的腥味，也有讓肉質軟嫩的效用。

② **蠔油**

以牡蠣發酵製成的中式醬料，色澤呈深褐色，具有鹹味。風味醇厚，就算只用蠔油一種調味料也能做出美味料理。常用於製作拌炒和燉煮料理。

③ **檸檬汁**

具有濃烈的酸味及檸檬特有的清香。常用於製作果醬、飲品、沙拉，也可以用來去除肉類或海鮮的腥味。

④ **黃芥末醬**

芥菜的籽經過研磨後調製而成的醬料，具有刺激的嗆味。常用來製作三明治或漢堡。加了蜂蜜的蜂蜜芥末醬帶有甜味，很適合搭配肉類或熱狗料理一起享用。

⑤ **香草鹽**

香草鹽中添加各種香氣的香草。海鮮、肉類、炸物等料理完成後，可以在表面撒上少許香草鹽或是酌量沾取食用。製作醬料時也時常添加香草鹽以增添香氣。

⑥ **胡椒粒**

部分燉煮料理會放入胡椒粒增添辛香味。買回家的胡椒粒裝入研磨罐，要用胡椒粉的時候現磨，比市售的胡椒粉香氣更加濃郁。

⑦ **日式鰹魚醬油露**

有鰹魚味的日式風味醬油，與一般醬油相比，甜度較高，適合製作烏龍麵、火鍋、日式燉菜等日本料理。

⑧ **巴薩米克醋**

用葡萄汁發酵製成的義大利傳統葡萄醋，顏色呈深黑色，味道酸中帶有微甜。主要用於製作沙拉醬。

① Cooking wine

② OYSTER SAUCE

③ LEMON JUICE

④ MUSTARD

⑤ Herb Salt

⑥ Acini di peppe

⑦ Japanese soybean sauce

⑧ Balsamic Vinegar

這些調味料雖然不是料理必要的基本調味料，但是加以運用的話，
可以使料理的味道更豐富有層次，具有加分的效果。
大部分是進口調味料，主要用於製作異國料理。
近幾年這些進口調味料在大型量販店都買得到了。

⑨ **肉桂粉**

肉桂棒磨成粉狀的辛香料，具有肉桂濃烈且獨特的香氣。主要用於有使用到麵包的料理。

⑩ **木糖醇**

比一般砂糖的顆粒更細緻，更快融解於液體中，也比蔗糖更快在體內代謝掉，降低身體對糖分的吸收，是目前已知的健康砂糖。

⑪ **雞湯塊**

塊狀的速成雞高湯粉。一小塊雞湯塊加入水中煮沸，就能當作雞高湯使用。不想使用雞湯塊的話，也可以自己熬煮雞高湯（作法參見P.33）。

⑫ **牛湯塊**

塊狀的速成牛高湯粉，加入水中煮沸，就能當作牛肉高湯使用。不想使用牛湯塊的話，也可以自己熬煮牛肉高湯（作法參見P.32）。

⑬ **西式醃漬香料**

眾香子粒、月桂葉、肉桂、生薑等各種辛香料混和而成的綜合香料，主要用於製作西式泡菜的醃汁，適合醃漬蔬菜、水果，如黃瓜、蘿蔔、洋蔥等食材。

⑭ **洋香菜末**

又稱荷蘭芹、巴西利，荷蘭芹葉的乾燥碎末，是西式料理的常見香料，除了可以增添料理的風味，料理完成後也可以撒一些洋香菜末作為點綴。

⑮ **甜辣醬**

同時吃得到甜味及辣味的醬料，常用於製作南洋料理。

⑨ Cinnamon Powder

⑩ Xylose Sugar

⑪ Chicken stock

Beef stock ⑫

⑬ Pickling spice

⑭ PARSLEY

⑮ Chili sauce

去大型量販店，
過去買不到的進口食材現在都很常見了。
看到新的食材，不妨買回家試做看看。
一定能創造出意想不到的美味料理！

使料理更豐盛的食材

① 羅勒

義大利菜經常出現的食材，製作義大利麵、披薩等時會使用。羅勒的香氣有助於減緩頭痛、神經過敏、失眠等症狀。

② 薄荷葉

主要用來調製飲料或茶，具有減緩頭痛、感冒、腸胃疾病的效用。飲用薄荷茶還有消除疲勞的效果。

③ 迷迭香

香氣迷人的迷迭香，富含抗酸化的成分，可以刺激腦部活化，還具有分解脂肪的成分，對於減重也很有幫助。

④ 杏仁

最具代表性的堅果類，富含不飽和脂肪酸和維生素E，有助改善肌膚老化的問題。還有豐富的鐵質及鈣質，是有益健康的好食材。

⑤ 開心果

能夠降低膽固醇，維持心血管機能健康，豐富的不飽和脂肪酸具有預防癌症的功效。

⑥ 帕馬森起司粉

義大利起司的一種，撒在披薩、義大利麵及三明治表面，可以吃到濃厚的起司鹹香味。購買固狀的帕馬森起司，可以使用專門的起司刨刀刨成絲，或是直接購買粉狀的帕馬森起司粉，使用起來更便利。

⑦ 藍莓

舉世聞名的健康食材。豐富的花青素對眼睛特別有益處。可以當水果直接吃，或是搭配優格一起吃。若製作成果醬，更能品嘗到其酸酸甜甜的好滋味。

⑧ 蔓越莓

美國感恩節一定會出現在餐桌上的果醬就是蔓越莓醬。酸甜的味道，經常用來調製果汁或是製作成果醬。除此之外，蔓越莓乾也常用於烘焙及炒菜。

⑨ 黑橄欖 ｜

含豐富的多酚和維生素E，有助於排出體內老廢物質及毒素。另外，黑橄欖中的不飽和脂肪酸，可以協調胃液正常分泌，具有緩和腸胃不適的效果。

⑩ 義大利乾辣椒 ｜

Peperoncino，產於義大利的辣椒，體型小，但是有強烈的辣度，一般是曬乾後使用。常出現在義大利麵料理中，用來增加辣味。

⑪ 檸檬 ｜

有豐富的維生素C，能夠預防感冒，幫助排除體內老廢物質，消除疲勞。適合加入海鮮和肉類料理中一起烹調，也可以加入紅茶中，調配成檸檬紅茶。

⑫ 花椰菜 ｜

對肌膚保養很好的蔬菜。含有豐富的鈣質及礦物質，有助預防各種癌症。和杏仁、柳橙、洋蔥一起食用的話，更能提高花椰菜的效能。

⑬ 酪梨 ｜

原產地是墨西哥。含有豐富的維生素和礦物質，墨西哥料理或無國界料理經常使用。

⑭ 無花果 ｜

顏色和形狀都相當漂亮的水果，產季大約在8～11月。可以當水果直接食用，或是製作成果醬。無花果內富含分解蛋白質的酵素，吃完肉類料理後，品嘗用無花果做成的甜點能夠幫助消化。乾燥後的無花果可保存較長的時間。

⑮ 月桂葉 ｜

特殊的香氣能刺激食欲。主要用於去除肉腥味、熬煮醬料、醃製西式泡菜。具有防腐效果。在米缸中放入幾片月桂葉，還有防蟲的效用。

將所需的調理器具準備好，
烹飪時能更加得心應手。
對刀工沒有自信的人，
可以多加利用各式各樣的刨切器具。
善用計量、秤重工具，
有助於掌控食材及調味料的份量，
準確呈現食譜的原貌和味道。

使烹飪更簡便的調理器具

① **量杯** │ 測量容量的工具，主要用來測量液體類食材。使用時請放在平坦的地方，眼睛平視刻度，測量出來的份量才會準確。

② **量匙** │ 測量小份量食材或調味料的工具。量匙的容量有從1/8茶匙到1大匙等多種尺寸。

③ **秤** │ 測量食材重量的工具。有彈簧秤和電子秤兩種。

④ **刨皮器** │ 刨除馬鈴薯、地瓜、小黃瓜等蔬菜外皮。

⑤ **打蛋器** │ 打蛋、打發鮮奶油或是將食材混合拌勻時使用。

⑥ **濾網** │ 過篩麵粉，或是煮湯時過濾雜質。

⑦ **銼刀** │ 可將起司或蔬果剉成細末。

⑧ **迷你擂缽** │ 搗碎堅果、種子或蒜頭等食材。

⑨ **刀** │ 建議根據不同食材種類，準備專用的刀具，例如：肉類用、海鮮用、蔬菜用、水果刀等。每週用熱水沖燙消毒一次，確實擦乾，避免細菌孳生。

⑩ **木砧板**｜研究顯示細菌滲入木砧板的刀痕後不易繁殖，所以與塑膠砧板相比，木砧板其實更衛生。使用完畢後，務必馬上清洗並晾乾。準備肉類專用和蔬果專用的砧板，依據食材種類分開使用，避免食材交叉感染。

⑪ **鑄鐵鍋**｜導熱能力強且受熱均勻，適合長時間燉煮的料理。用大火加熱的話，容易破壞外層的陶瓷塗層，烹調時建議用中火加熱就好。鍋體和鍋蓋較厚重，蒸氣不易流失，鎖住食材的水分與營養，保留食物的原味。

⑫ **不鏽鋼平底鍋**｜適合快速烹調，減少營養素流失。不鏽鋼材質不易生鏽，也不易融出有害物質，可以安心使用。使用不鏽鋼鍋烹調時，務必先預熱10分鐘後再倒入食用油，可以達到物理性不沾鍋的效果。

⑬ **不鏽鋼調理盆**｜可以用來放置待烹調的食材，或是當作製作沙拉、涼拌菜等料理的攪拌容器。

⑭ **琺瑯烤盤**｜可以放在瓦斯爐上直接加熱，也可以放入烤箱烘烤。琺瑯烤盤優雅簡潔的設計感，用來盛裝做好的料理也很漂亮。

⑮ **玻璃密封罐**｜用於貯存果醬、糖漬水果、醬菜等食材。建議選用無色的玻璃容器，較能徹底清潔，保持衛生。

本書的食材計量法

雖然用量匙、量杯、量秤測量可以準確做食譜介紹的料理，但是也可以活用家中就有的一般湯匙和紙杯當作計量工具。家裡沒有電子秤時，就用手來計量看看吧！本書使用湯匙和紙杯做為主要的計量工具，必須精準計量的部分則以g或ml標記。各種調味料和食材都可以依據個人口味稍微增減。

【用湯匙計量】

粉類食材：呈高聳狀	液體食材：呈水平狀	醬類食材：呈高聳狀
 1大匙	 1大匙	 1大匙
 ½大匙	 ½大匙	 ½大匙

1大匙（15ml）：自然地舀取食材，1湯匙所能盛裝的量。½大匙為1大匙一半的量。

【用紙杯計量】

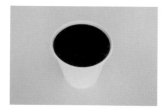

1杯（200ml）：紙杯裝到全滿的量。

【用手計量】

1把：用手掌自然地抓起，手掌握得住的量。

料理的基礎，切食材

食材切得漂亮，料理的完成度也會變高。不僅視覺上美觀，調味料也能均勻融入各種食材中，做出來的料理更加美味。

【切斜片（段）】

刀子以斜角度將食材切片或切段。主要用於大蔥、小黃瓜等長條狀食材。

【切片】

以等寬的間距切成薄片狀。

【切半月狀】

圓柱狀食材先剖成兩半後，再切成片狀，即成為半月狀。櫛瓜、紅蘿蔔、馬鈴薯等食材常用的刀法。

【切絲】

食材先切成薄片後，一層層疊好，再以等寬的小間距切成絲狀。

【切立方塊（丁）】

切成四方塊。蘿蔔塊泡菜、咖哩、炒飯等料理的食材常用的刀法。

【切圈狀】

辣椒、細蔥等細瘦中空的食材，以等寬的小間距切成圈狀。

【切細末】

食材先切成小丁後，再剁碎成細末狀。或是先將食切成細絲後，再切成細末狀。

【刻十字花樣】

以45度角向下切一部分後，反轉食材，重複同樣步驟，刻出十字花樣。

平凡的一天，
為日常生活增添暖意的

今日特餐

有人說：「吃過的食物，將成為日後身體的一部分。」因此，「吃什麼東西」其實是非常重要的事。相信每個人都有因為吃到美味料理而一整天心情都很美好的經驗吧！「料理」不只影響身體健康，也有趕走壞心情的魔法力量。用最真誠的心準備每天都要吃的三餐吧！無論是做菜的人還是品嘗的人都會有收穫的。

為料理注入靈魂的萬用高湯

小魚昆布高湯

韓國家常湯品最常用的高湯，可以製作韓國大醬湯、韓國辣湯、牛肉蘿蔔湯等湯品。使用小魚乾和昆布，將清水變成清淡又有鮮味的小魚昆布高湯。

材料 Ingredients
小魚乾（熬湯用）10隻、昆布（5×5cm）1片、水1.2L

作法 How to make
❶ 去除小魚乾的內臟，以避免煮出小魚乾的腥味及苦味。
❷ 鍋子預熱，放入小魚乾，以中火乾炒一下。
❸ 在❷的鍋內放入昆布及水，以中火熬煮。
❹ 高湯沸騰之後，再煮15分鐘，過濾掉小魚乾及昆布，完成小魚昆布高湯。

牛腩牛腱高湯

香醇濃郁的牛腩牛腱高湯最適合用來煮辣牛肉湯、年糕湯、韓式火鍋。熬好高湯後，牛腩和牛腱不要浪費，可以切片或切塊當白切牛肉直接食用，或是做成韓式醬牛肉。

材料 Ingredients
牛腩300g、牛腱300g、大蔥2根、大蒜5瓣、水1.2L、清酒4大匙、胡椒粒½大匙

作法 How to make
❶ 牛腩和牛腱放入冷水中浸泡1小時，使其排出血水。
❷ 燉鍋中放入牛腩、牛腱、大蔥、大蒜、胡椒粒、清酒、水，以大火煮至沸騰，轉中小火，繼續熬煮1小時。
❸ 高湯熬出牛肉香氣後關火，撈出牛肉。高湯靜置降溫後，放入冰箱冷藏。
❹ 待高湯表面的油脂凝固，用湯匙撈掉油脂，完成牛腩牛腱高湯。

好的高湯可以讓料理變得有底蘊，味道更豐富有層次。

高湯預先熬煮好後，裝入密封容器中，放冰箱冷藏備用。

有了高湯，製作火鍋、煲、湯等湯品料理就變得非常簡單又容易了。

但是，要留意高湯的保存期限，請在一星期內趁新鮮使用完畢，避免高湯變質。

雞高湯

清香甘甜的雞高湯最適合用來煮粥、西式湯品、湯麵。熬好高湯之後，雞肉可以撕成小塊，搭配其他料理一起享用。

材料 Ingredients

全雞1隻、大蔥2根、大蒜10瓣、薑2塊、乾辣椒2根、洋蔥1顆、水5L、胡椒粒1大匙

作法 How to make

❶ 切除雞脖子的脂肪，並切掉雞屁股和雞翅膀尾端之後，將雞的腹腔內部清洗乾淨。

❷ 燉鍋中放入水、雞、洋蔥、大蔥、大蒜、薑、乾辣椒、胡椒粒，開火煮至沸騰後，轉中小火熬煮1小時，期間若有泡沫雜質浮出，請用湯匙撈掉。冷卻後撈出雞隻，完成雞高湯。

香菇高湯

香菇高湯充滿香菇特殊且濃郁的香氣，用來製作辣湯、韓國大醬湯、離乳食、蔬菜清湯等料理，可以增添菇類的特殊鮮香。選購熬湯用的乾香菇時，以菇傘大、肉厚實、傘內褶頁白嫩者為佳。

材料 Ingredients

乾香菇（熬湯用）6朵、昆布（5×5cm）1片、水1.2L

作法 How to make

❶ 乾香菇清洗乾淨後，放入材料中的水中泡軟。

❷ 鍋中放入❶的香菇和浸泡香菇的水、昆布，以中火煮至沸騰後，再繼續煮15分鐘，完成香菇高湯。

4
人份

綜合菇炊飯

在白飯中加入各式菇類一起炊煮就成了綜合菇炊飯。
散發淡雅菇類香氣的白飯，再配上特調的佐醬，微甜微鹹的滋味，令人吃過還會回味。
菇類富含豐富的膳食纖維，可以幫助消化，也有改善失眠症狀的效果，對身體非常好。

材料 Ingredients

黑蠔菇 1把
杏鮑菇 2朵
鮮香菇 2朵
昆布（2×3cm）2片
白米 3杯

拌飯醬

細蔥 1把
濃醬油 7大匙
果寡糖 1大匙
料理酒 1大匙
香油 1大匙
韓國辣椒粉 1大匙
蒜末 ½大匙

作法 How to make

❶ 白米洗淨，倒入清水浸泡1小時後，瀝乾水分。

❷ 杏鮑菇和鮮香菇切片；黑蠔菇用手撕成細絲。

❸ 細蔥切成蔥花後，加入拌飯醬材料中一起拌勻備用。

❹ 準備一個有蓋子的鍋子，放入❶浸泡過的白米、昆布、水3½杯，蓋上鍋蓋，以中火加熱。沸騰後，再煮5分鐘，接著放入❷的菇類，轉小火再煮15分鐘，關火，燜10分鐘，完成。搭配❸的拌飯醬一起享用。

2

3

1

4

海鮮陶鍋飯

熱騰騰的海鮮陶鍋飯中加入許多海鮮，充滿大海的味道，也是補充營養的好料理。
海鮮富含牛磺酸，對於消除疲勞和促進大腦運作有很大幫助。
彈牙有嚼勁的海鮮加上香甜的白米飯、微鹹的佐醬，
如此和諧又美味的組合，無論是誰都會喜歡。

4
人份

材料 Ingredients

蝦仁 100g
花蛤肉 100g
鮑魚 2隻
魷魚（軀幹）1隻
昆布（5×5cm）1片
白米 3杯
香油 2大匙

拌飯醬
細蔥 1把
紅辣椒 1根
濃醬油 7大匙
果寡糖 1大匙
料理酒 1大匙
韓國辣椒粉 1大匙
香油 1大匙
蒜末 ½大匙

作法 How to make

❶ 白米洗淨，倒入清水浸泡1小時後，瀝乾水分。

❷ 魷魚去除內臟並剝除外膜，清洗乾淨後，切成小條，放入滾燙的熱水中川燙一下。蝦仁和花蛤肉也用熱水川燙一下。川燙過蝦仁和花蛤肉的水留下3杯備用。

❸ 鮑魚刷洗乾淨後，去除外殼及內臟，鮑魚肉切成薄片。

❹ 陶鍋預熱後，鍋內抹上香油，放入❶浸泡過的白米拌炒至米色稍微變透明後，倒入❷預留的川燙蝦仁和花蛤肉的水3杯，並放入昆布，蓋上蓋子，以大火加熱至沸騰。

❺ 轉中火煮5分鐘後，放入❷和❸的海鮮，轉小火再煮15分鐘。關火，燜10分鐘，完成。

❻ 細蔥切成蔥花，紅辣椒切成細末後，與拌飯醬的材料一起拌勻。煮好的海鮮陶鍋飯依據個人喜好加入適量的拌飯醬，攪拌均勻後，即可享用。

> TIP

因為魷魚的內臟跟魷魚腳連結在一起，將手指伸入魷魚軀幹和腳之間的縫隙，握住腳的部分施力往後抽拉，就能輕鬆將魷魚的內臟一起抽出。魷魚軀幹和魷魚腳分開之後，用廚房紙巾捏住魷魚外膜，慢慢剝掉外膜即可。

1

2

3

4

5

6

鮪魚沙拉飯糰

只要有飯、海苔、鮪魚罐頭以及美乃滋就能簡單完成的美味飯糰。
白飯調味後，包入滿滿的鮪魚沙拉，再捏成漂亮的三角形，
當作野餐的餐點也毫不遜色。

材料 Ingredients

熱騰騰的白飯 2碗
拌飯海苔 10g
鮪魚罐頭 1罐
洋蔥 ⅓顆
美乃滋 3大匙
香油 1大匙
白芝麻 少許
鹽 少許
胡椒粉 少許

作法 How to make

❶ 洋蔥切成細末；鮪魚罐頭過濾掉油及湯汁。洋蔥、瀝乾的鮪魚肉、美乃滋、胡椒粉拌勻，完成鮪魚內餡。

❷ 調理盆中放入熱騰騰的白飯和香油，撒入拌飯海苔和白芝麻。如果飯的味道不夠鹹，可以加入少許鹽調味。

❸ 也可使用三角飯糰模型製作，或是取一些調味好的飯放在手上鋪平，放入❶的鮪魚內餡，再鋪上飯包裹內餡，捏塑成漂亮的鮪魚沙拉飯糰。

1

2

3

3
人份

牛肉蘿蔔飯

白蘿蔔含有各種消化酵素，被視為天然的消化藥。
豐富的維生素C具有預防感冒的效果，因此寒冷的冬季很適合用白蘿蔔做料理。
沒有什麼配菜的時候，甜甜的牛肉蘿蔔飯拌上佐醬，就是飽足又營養均衡的一餐了。

材料 Ingredients

白蘿蔔250g
牛肉（炒菜用）120g
白米 2杯
鹽 少許
胡椒粉 少許

拌飯醬

韭菜 1把
濃醬油 7大匙
果寡糖 1大匙
料理酒 1大匙
韓國辣椒粉 1大匙
香油 1大匙
蒜末 ½大匙

作法 How to make

❶ 牛肉切成適口的小條狀，加鹽和胡椒粉調味；白蘿蔔削皮後切絲。

❷ 白米洗淨，倒入清水浸泡1小時後，瀝乾水分。取一個有鍋蓋的鍋子，倒入浸泡過的米和水1杯。

❸ 在❷的鍋中先鋪入❶的蘿蔔絲，再放上牛肉，蓋上鍋蓋。以中火加熱至沸騰後，轉小火煮15分鐘，將米煮熟。關火，燜10分鐘，完成。

❹ 韭菜切成細末，與拌飯醬的材料一起拌勻。煮好的牛肉蘿蔔飯中適量加入調好的拌飯醬，攪拌均勻後，即可享用。

1

2

3

4

「製作地瓜飯只需要準備地瓜和白米，

這麼輕鬆的料理，讓時間和心情都變得從容自在了，

不由得想在飯後享受一下午茶時光呢！」

地瓜飯

地瓜有豐富的維生素C和鉀，有益於肌膚保養，也能幫助身體排出多餘的鈉。
除了烤地瓜之外，和白米一起煮成熱騰騰的地瓜飯也非常美味。
今天的午餐就做簡單又健康的甜蜜地瓜飯來吃吧！

4
人份

材料 Ingredients

地瓜 2個
白米 3杯

拌飯醬
韭菜 1把
濃醬油 7大匙
果寡糖 1大匙
料理酒 1大匙
韓國辣椒粉 1大匙
香油 1大匙
蒜末 ½大匙

作法  How to make

① 白米洗淨，倒入清水浸泡30分鐘。

② 地瓜削皮後，切成2cm大小的小丁狀。

③ 浸泡好的白米瀝乾水分，倒入飯鍋中，鋪上地瓜，倒入水3杯後，炊煮成飯。

④ 韭菜切成細末，與拌飯醬的材料一起拌勻後，適量加入③的地瓜飯中，攪拌均勻，即可食用。

TIP

地瓜的外皮含有能預防各種癌症的β胡蘿蔔素。地瓜也可以不削皮，表面刷洗乾淨後，直接切塊烹調，更能攝取完整營養素。

1

2

3

4

牛肉茄子飯

這道牛肉茄子飯不僅美味，還有豐富的營養素，對發育中的孩子是很好的一道料理。
夏季茄子盛產時製作這道牛肉茄子飯，更能品嘗到茄子的香氣及清甜。

3
―――
人份

材料 Ingredients

牛肉 150g
茄子 2根
昆布（2×3cm）2片
白米 2杯
香油 2大匙

醃料

釀造醬油 1大匙
料理酒 1大匙
香油 1大匙
蒜末 ½大匙
蔥花 ½大匙
胡椒粉 少許

拌飯醬

濃醬油 7大匙　　香油 1大匙
果寡糖 1大匙　　白芝麻 1大匙
料理酒 1大匙　　蒜末 ½大匙
韓國辣椒粉 1大匙　蔥花 ½大匙

作法 How to make

❶ 白米洗淨，倒入清水浸泡1小時後，瀝乾水分。

❷ 牛肉切成適口的薄片或小條狀後，加入醃料的材料拌勻，醃漬一下。

❸ 茄子切成薄片。

❹ 取一個有蓋子的鍋子，鍋內抹上香油，放入❶浸泡過的白米和水2杯後，依序放入❸的茄子及❷的牛肉，以大火加熱至沸騰。

❺ 轉中火煮5分鐘後，轉小火再煮15分鐘。關火，燜10分鐘，完成。拌飯醬的材料拌勻後，適量加入牛肉茄子飯中，攪拌均勻，即可享用。

1

2

3

4

5

3
人份

蘿蔔纓飯

香氣十足的蘿蔔纓飯是我小時候在奶奶家常吃的料理。
蘿蔔纓是蘿蔔的葉子，有豐富的維生素、礦物質，鐵的含量也高，能夠改善貧血症狀，
此外還有豐富的鈣質及膳食纖維，可降低膽固醇，也是減重時期很適合攝取的好食材。

材料 Ingredients

乾蘿蔔纓 200g
昆布（5×5cm）1片
白米 3杯
紫蘇籽油 1大匙
湯醬油 1大匙

拌飯醬

濃醬油 4大匙
梅汁 1大匙
紫蘇籽油 1大匙
蔥花 1大匙
蒜末 ½大匙
白芝麻 ½大匙

作法 How to make

❶ 乾蘿蔔纓放入煮沸的熱水中，以小火煮1小時後，放入
冷水中浸泡4～5小時。

❷ 蘿蔔纓充分泡發後，撕掉葉梗上纖維較粗韌的部分，擰
乾水分，切成長5cm的小段。

❸ 白米洗淨後放入飯鍋中，加入水3½杯、切段的蘿蔔
纓、昆布、紫蘇籽油、湯醬油，炊煮成飯。

❹ 拌飯醬的材料拌勻後，適量加入蘿蔔纓飯中，攪拌均
勻，即可享用。

1

2

3

4

3
人份

牛五花大醬湯

一般的韓國大醬湯使用新鮮蔬菜和高湯就算很美味了，
本食譜再加入油脂豐富的牛五花肉片，牛肉的油香滋味將使湯品的味道更加豐富濃郁。
寒風刺骨的冬天，來一鍋熱呼呼的牛五花大醬湯和一碗白飯，瞬間就能溫暖冰冷身軀。

材料 Ingredients

牛五花肉片 150g
青陽辣椒 1根
洋蔥 ½顆
櫛瓜 ½根
大蔥 1根
小魚昆布高湯 3杯
韓國大醬 2大匙
蒜末 ½大匙
韓國辣椒粉 ½大匙

作法 How to make

❶ 櫛瓜切成半月形片狀；洋蔥切成適口大小；大蔥切成蔥花；青陽辣椒切成辣椒圈。

❷ 鍋子預熱後，放入牛五花肉片和蒜末，以中火拌炒。

❸ 肉片半熟後，倒入小魚昆布高湯、韓國大醬、韓國辣椒粉一起煮。

❹ 沸騰後，加入❶的洋蔥和櫛瓜，繼續煮至洋蔥變成半透明。最後加入蔥花和青陽辣椒圈，再沸煮一下，完成。

1

2

3

4

櫛瓜豆腐蝦米湯

櫛瓜具有去除蝦米腥味的作用,所以雖然放了鹽漬小蝦醬,做出來的湯品依然很清爽。
這道料理還使用了青陽辣椒,增加些微辣度,可以刺激食欲,吃起來也更爽口。

4
人份

材料 Ingredients

豆腐 ½塊
櫛瓜 ½根
青陽辣椒 ½根
紅辣椒 ½根
大蔥 ½根
小魚昆布高湯 4杯
韓國鹽漬小蝦醬 1大匙
蒜末 ½大匙

作法 How to make

❶ 豆腐切成3×4cm薄片；櫛瓜切成半月形片狀；青陽辣椒、紅辣椒、大蔥斜切成橢圓圈狀。

❷ 鍋中倒入小魚昆布高湯、❶的櫛瓜和豆腐，開火加熱。

❸ 豆腐和櫛瓜熟透後，放入鹽漬小蝦醬和蒜末一起煮。

❹ 最後放入❶切好的青陽辣椒、紅辣椒、大蔥，再沸煮一下，完成。

1

2

3

4

4
人份

蕈菇紫蘇籽辣湯

微微的辣加上紫蘇籽的特殊香氣，濃郁的辣湯滋味可以說是湯品中的一絕。
蕈菇類中有維生素、膳食纖維、蛋白質等多種營養素，是健康菜單中不可或缺的食材。

材料 Ingredients

牛肉（小塊狀）200g
水芹菜 100g
黑蠔菇 100g
鮮香菇 2朵
馬鈴薯 2顆
大蔥 1根
小魚昆布高湯 4杯
紫蘇籽粉 2大匙
香油 1大匙

醬汁
韓國大醬 2大匙
湯醬油 2大匙
韓國辣椒粉 2大匙
蒜末 1大匙
料理酒 1大匙
胡椒粉 少許

作法 How to make

❶ 水芹菜切成長5cm的小段；大蔥斜切成橢圓圈狀；黑蠔菇用手撕成小條；鮮香菇切片；馬鈴薯去皮，切成有點厚度的片狀。

❷ 醬汁材料拌勻備用。

❸ 鍋子預熱，倒入香油，放入牛肉稍微拌炒一下，倒入小魚昆布高湯和❷的醬汁一起煮。

❹ 待❸的湯汁沸騰，放入馬鈴薯煮至熟透後，加入水芹菜、菇類、大蔥、紫蘇籽粉，再煮沸騰一次，完成。

1

2

3

4

牛肉蕈菇湯

牛肉蕈菇湯清淡爽口是全家大人小孩都會喜愛的湯品。
牛肉含有肌氨酸，可以促進肌肉生長、增強力量，
還有豐富的必需胺基酸，對於發育中的孩子是非常好的食物。

4
人份

材料 Ingredients

牛肉（小塊狀）150g
黑蠔菇 100g
鮮香菇 3朵
大蔥 1根
小魚昆布高湯 4杯
湯醬油 1大匙
香油 1大匙
蒜末 ½大匙
鹽 少許
胡椒粉 少許

作法  How to make

❶ 牛肉中加入蒜末、湯醬油、香油、胡椒粉一起拌勻，稍微醃漬一下。

❷ 黑蠔菇撕成小條；鮮香菇去梗後切片；大蔥斜切成橢圓圈狀。

❸ 鍋子預熱，放入牛肉炒一下，表面微熟後，倒入❷的菇類一起拌炒。菇類香氣出來後，倒入小魚昆布高湯一起煮。

❹ 菇類和牛肉都熟透後，放入❷的大蔥，加鹽調成個人喜歡的鹹度，完成。

TIP

不喜歡菇味太重的話，鮮香菇可以省略不放。
喜歡菇味重一點的話，冰箱中若有別的菇類也可以加進去一起煮。

1

2

3

4

4
___
人份

花蟹湯

5月是花蟹盛產的季節，用有滿滿蟹膏或蟹黃的花蟹來製作這道花蟹湯，
微辣的湯頭加上彈牙的蟹肉、肥美的蟹膏、蟹黃，再適合不過了。
花蟹具有幫助身體清熱的功效，因此在高溫的夏季很適合吃這道料理。
在香辣可口的花蟹湯中加入一碗白飯，就是熱呼呼又美味的花蟹湯飯，
就算沒有其他小菜，也吃得津津有味。

材料 Ingredients

花蟹 500g
白蘿蔔 150g
山茼蒿 1把
紅辣椒 ½根
青辣椒 ½根
櫛瓜 ⅓根
洋蔥 ¼顆
大蔥 1根
小魚昆布高湯 8杯
鹽 少許

醬汁
韓國大醬 2大匙
韓國辣椒醬 2大匙
韓國辣椒粉 1大匙
蒜末 1大匙

作法 How to make

❶ 花蟹先切掉兩隻蟹鉗，避免被夾傷，扳開前後甲殼，
去除內臟和鰓，剁掉蟹爪末端尖刺的部分。清洗乾淨
後，切成4等份。

❷ 白蘿蔔切成2×4cm薄片；櫛瓜切成半月形片狀；洋蔥
切絲；紅辣椒、青辣椒、大蔥斜切成橢圓形圈狀；山
茼蒿在流動的水中洗淨後，切除根部。

❸ 鍋中倒入小魚昆布高湯、❷的白蘿蔔、醬汁材料，開火
燜煮。白蘿蔔顏色變透明後，放入花蟹、❷的洋蔥和櫛
瓜一起煮。

❹ 湯中的花蟹和蔬菜都煮熟後，放入❷的紅辣椒和青辣
椒，並加鹽調味。最後放入❷的大蔥和山茼蒿，再沸煮
一下，完成。

1

2

3

4

蛤蜊麵疙瘩

下雨的時候，特別想吃的一道料理。
暖呼呼的湯加上鮮甜的蛤蜊肉和麵疙瘩，一湯匙舀起，吃進嘴裡，真是美味又滿足。
貝類食材中，蛤蜊的味道最清淡甜美，是製作湯品很好用的食材。

3
人份

材料 Ingredients

蛤蜊 800g
大蔥 ½根
青陽辣椒 ½根
小魚昆布高湯 4杯
麵粉 1½杯
蒜末 ½大匙
鹽 少許
胡椒粉 少許

作法 How to make

① 蛤蜊以鹽水浸泡，吐完沙後，用清水洗滌乾淨。

② 大蔥和青陽辣椒切成小圈狀；取一個調理盆，放入麵粉、水2/3杯、少許鹽，搓揉成麵團。

③ 鍋中倒入小魚昆布高湯、①的蛤蜊，開火加熱，煮至蛤蜊都打開。期間若有浮沫，請用湯匙撈掉。

④ ②的麵團捏成小片狀，一一丟入蛤蜊湯中，再加入蒜末一起煮。麵疙瘩都煮熟後，加入②的大蔥和青陽辣椒，再加入少許鹽和胡椒粉調味，完成。

TIP

蛤蜊買回家後，先在流動的水中搓洗，洗淨表面的泥沙，再用鹽水浸泡，讓蛤蜊吐沙。

1

2

3

4

2
人份

魷魚黃豆芽湯

有豐富牛磺酸的魷魚和含有天門冬醯胺的黃豆芽都是解酒的好食材。
魷魚和黃豆芽煮出來的湯很爽口，不只適合宿醉之後喝，
天氣變涼的時候，來一碗魷魚黃豆芽湯也能讓身體變得溫暖有活力。

材料 Ingredients

魷魚（軀幹）1隻
白蘿蔔 80g
黃豆芽 2把
大蔥 ½根
青陽辣椒 ½根
小魚昆布高湯 4杯
韓國大醬 1½大匙
湯醬油 1大匙
韓國辣椒粉 ½大匙
蒜末 ½大匙

作法 How to make

❶ 黃豆芽洗淨後，摘除根鬚；白蘿蔔切絲；青陽辣椒和大蔥斜切成橢圓形圈狀。

❷ 魷魚去除內臟並清洗乾淨，切成寬度2cm的魷魚圈。

❸ 鍋中倒入小魚昆布高湯，再放入韓國大醬攪拌至完全溶解，開火煮至沸騰。放入❶的黃豆芽和白蘿蔔一起煮。

❹ 黃豆芽斷生變得軟後，加入❷的魷魚圈、湯醬油、韓國辣椒粉、蒜末一起煮至沸騰。

❺ 最後放入❶的青陽辣椒和大蔥，再沸煮一下，完成。

1

2

3

4

5

4
人份

嫩豆腐牡蠣鍋

牡蠣有海中牛奶之稱，富含多種營養素。

牡蠣含有豐富的維生素及礦物質，有助於美白和肌膚保養。

這道料理除了牡蠣還加了富含蛋白質的嫩豆腐，是一道兼顧美容和健康的鍋物料理。

材料 Ingredients

嫩豆腐 300g
牡蠣（去殼）200g
白蘿蔔 200g
水芹菜 50g
大蔥 1根
紅辣椒 1根
小魚昆布高湯 5杯
韓國鹽漬小蝦醬 1大匙
鹽 少許

作法  How to make

❶ 白蘿蔔切成3×3cm薄片；大蔥和紅辣椒斜切成橢圓形圈狀；水芹菜切成長5cm的小段。

❷ 鍋中倒入小魚昆布高湯和❶的白蘿蔔片，開大火加熱。湯沸騰後，轉中火再煮10分鐘。

❸ 在❷的鍋中放入嫩豆腐，轉大火煮5分鐘後，放入牡蠣，再沸煮一下。

❹ 加入❶的水芹菜、大蔥及紅辣椒後，加入鹽漬小蝦醬調味，再沸煮一下，完成。湯的鹹度不夠時，可以再加鹽調味。

1

2

3

4

韓式辣牛肉湯

寒流來時,總會令人想起熱呼呼的辣牛肉湯。
最近大型量販店和傳統市場都有販售辣牛肉湯的材料包,製作辣牛肉湯變得愈來愈容易了。
辣牛肉湯能補氣、補鐵,微辣的湯還能促進排汗和新陳代謝,當作養身健康料理也不為過。

4
人份

材料 Ingredients

牛腩 300g
綠豆芽 160g
芋梗乾 150g
蕨菜乾 150g
大蔥 3根
鹽 少許

醬汁
韓國辣椒粉 6大匙
濃醬油 4大匙
辣油 3大匙
蒜末 3大匙
湯醬油 2大匙
料理酒 2大匙
魚露 1大匙
胡椒粉 ¼大匙
薑粉 少許

作法 How to make

❶ 牛腩放入冷水中浸泡30分鐘，排出血水。取一個鍋子，放入牛腩並倒入清水1.3L，開大火加熱。沸騰後，轉小火煮40分鐘，完成簡易牛肉高湯。

❷ 從❶的高湯中撈出煮熟的牛腩，靜置冷卻後，用手撕成粗絲。

❸ 大蔥切成長5cm的小段，剖開成兩半，放入冷水中浸泡15分鐘。

❹ 芋梗乾、蕨菜乾、綠豆芽，分別以熱水川燙30秒後撈出，再放入冷水清洗降溫後，瀝乾水分，切成適口的小段。

❺ 醬汁材料、❹的蔬菜、❷的牛腩絲一起攪拌均勻。

❻ 鍋中放入❶的高湯1L及❺的食材，以大火煮20分鐘後，放入❸的大蔥，轉小火再煮30分鐘，完成。

TIP

湯不夠鹹時，可以再加鹽或濃醬油調味。

1

2

3

4

5

6

韓式清燉牛肉鍋

韓式清燉牛肉鍋能暖胃、暖身，非常適合在寒冷的冬天全家一起享用。
牛肉富含必需胺基酸、蛋白質、礦物質、鐵、維生素B，
有助於改善貧血，消除疲勞，對於肌膚保養也很有幫助。

$\dfrac{4}{\text{人份}}$

材料 Ingredients

牛腩 300g
牛腱 300g
韭菜 1把
大蔥 2根
大蒜 5瓣
清酒 4大匙
胡椒粒 ½大匙
鹽 少許

佐醬

紅辣椒 1根　　　料理酒 1大匙
洋蔥 ½顆　　　　果寡糖 1大匙
濃醬油 6大匙　　蒜末 1大匙
醋 2大匙　　　　黃芥末醬 ½大匙
水 2杯　　　　　白芝麻 ½大匙
　　　　　　　　胡椒粉 少許

作法 How to make

❶ 牛腩和牛腱放入冷水中浸泡30分鐘，排出血水。

❷ 鍋中放入❶的牛肉、大蔥、大蒜、胡椒粒、清酒、水1.2L，開大火加熱，沸騰後，轉中小火熬煮1小時。

❸ 韭菜切成長5cm的小段後，取其中幾段切成韭菜末。

❹ 洋蔥、紅辣椒切成細末，與佐醬的材料一起拌勻。

❺ 待❷的清水熬成高湯，撈出煮熟的牛肉，靜置放涼後，切成適口大小。取一個淺湯鍋，先放入❸的韭菜段和韭菜末，鋪上切好的牛肉，倒入❷的高湯，以大火煮至沸騰後，轉中火再煮5分鐘，最後加鹽調味。煮好的牛肉和韭菜可以蘸著調好的佐醬一起享用。

1

2

3

4

5

牛五花韭菜沙拉

牛五花肉片煎熟，逼出油脂後，
配上甜甜辣辣的韭菜沙拉，真是一道清爽又滿足的料理。
韭菜具有降低膽固醇的效用，搭配牛五花肉片一起吃是非常好的食材。

2
人份

材料 Ingredients

牛五花肉片 400g
韭菜 2把
洋蔥 ½顆
清酒 1大匙

醃料

香油 1大匙
清酒 1大匙
芝麻鹽 1大匙
薑汁 1大匙
鹽 少許
胡椒粉 少許

韓式沙拉醬

醬油 4大匙
醋 2大匙
果寡糖 2大匙
梅汁 1½大匙
韓國辣椒粉 1大匙
白芝麻 1大匙
蒜末 ½大匙

作法 How to make

① 牛五花肉片與清酒拌勻去腥味，用廚房紙巾包起來，吸掉滲出的血水後，與醃料一起拌勻，醃漬一下。

② 韭菜洗淨後，切成長4cm小段；洋蔥切絲後，以冷水浸泡30分鐘，去除辛辣味後，瀝乾水分。

③ 韓式沙拉醬的材料拌勻備用。

④ 調理盆中放入②的韭菜、洋蔥、③的韓式沙拉醬，攪拌均勻。

⑤ 平底鍋預熱後，放入①的牛五花肉片，煎至焦香金黃，逼出油脂。煎好的肉片與④的韭菜沙拉一起盛盤，完成。

1

2

3

4

5

韓式砂鍋牛肉

甜甜的砂鍋牛肉是男女老少都會喜愛的一道料理。
若預先做好高湯，就算早餐做這道料理給家人吃，時間也很充裕。
添加冬粉及豐富的蔬菜，還可以是一道招待賓客的料理。

$$\frac{2}{\text{人份}}$$

材料 Ingredients

牛肉片（燒烤用）200g
金針菇 1把
大蔥 1根
鮮香菇 2朵
洋蔥 ½顆
胡蘿蔔 ¼根
小魚昆布高湯 ½杯
清酒 2大匙

醃料

洋蔥 ¼顆
水梨 ¼顆
昆布高湯 ½杯
濃醬油 4大匙
清酒 2大匙

黑糖 1大匙
蒜末 1大匙
蔥花 1大匙
香油 ½大匙
胡椒粉 少許

作法 How to make

① 牛肉片與清酒拌勻去腥味，下方墊一張廚房紙巾，吸收滲出的血水。

② 醃料的材料放入食物調理機中攪打成泥。

③ 金針菇切去根部；鮮香菇切薄片；大蔥斜切成橢圓形圈狀；胡蘿蔔和洋蔥切絲。

④ 調理盆中倒入②的醃料、①的牛肉片、③的洋蔥，攪拌均勻，靜置30分鐘，醃漬入味。

⑤ 砂鍋中倒入④的牛肉片、③的胡蘿蔔，再倒入小魚昆布高湯，以中火加熱。牛肉快熟透時，放入③的菇類和大蔥，再沸煮一下，完成。

1

2

3

4

5

酸泡菜燉豬肉

韓國泡菜放久了，發酵得過酸的話，
就可以拿來製作這道非常下飯的酸泡菜燉豬肉。
看似高難度的料理，其實作法相當簡單。
酸香韓國泡菜，加上厚實的豬肉塊，好吃得令人白飯一碗接一碗，停不下來。

材料 Ingredients

過熟的酸韓國泡菜
500g
豬梅花肉 200g
大蔥 1根
小魚昆布高湯 2杯
韓國泡菜汁液 ¼杯
清酒 2大匙
香油 1大匙
蒜末 1大匙

作法 How to make

❶ 鍋中放入酸韓國泡菜、切小塊的豬梅花肉、小魚昆布高湯、韓國泡菜汁液、清酒、蒜末，開火慢慢燉煮。

❷ 待湯汁漸漸收乾，豬肉也熟透後，大蔥斜切成橢圓形圈狀並撒入，再淋上香油，再沸煮一下，完成。

1

2

忙碌的日子，
無論什麼時候回到家，
都能配飯吃的

韓式小菜

有時候同樣的主菜，搭配上一些別緻的小菜，就能讓餐桌立刻變得很豐盛的感覺。韓國人的餐桌上，小菜是不可或缺的一部分。不只是餐桌上的配角，可以說是餐桌上的第二主角了。主菜做完後，利用剩下的高湯和零星的蔬菜、肉塊等就能做出各式各樣的小菜。有空的時候，把小菜做好，放冰箱保存吧！平日結束忙碌的一天，下班回到家，拿出幾樣小菜配飯，就是一頓豐盛又飽足的晚餐了。

食材保鮮貯存方法

食材買回家後，趁新鮮馬上烹煮當然最好，但是若無法馬上烹煮，或是食材各剩下一些的時候怎麼辦呢？有這種狀況，請務必熟記各種食材類別的貯存方法。冰箱不是萬能保鮮櫃，不是什麼食材塞進冰箱就不會壞掉。不同種類的食材，各有適合的貯存方法，用正確的方式儲存，食材的保存時間可以延長一些。

蔬菜

不要洗，直接用報紙包起來，或是裝入密封容器中，防止水分流失，再放入冰箱冷藏。整顆的白菜、高麗菜、萵苣等蔬菜用塑膠袋密封包好，根部朝下，直立放入冰箱冷藏。馬鈴薯、地瓜、番茄則不需要冷藏，放在常溫保存即可，但是務必要放置在陰涼處，避免高溫或太陽直射。

肉

肉類分切成每次料理會需要用的小份量後，放入冰箱冷凍保存。不是馬上要煮的話，盡快在最短時間內放入冰箱冷凍，之後解凍做菜時，肉汁才不會流失太多。

海鮮

盡可能將水分瀝乾或擦乾後，再放入冰箱冷凍保存。切片的魚肉，如：鮭魚、鱈魚等，撒一點鹽後，拿廚房紙巾擦乾水分，用保鮮膜一片一片分開包好，再放入冰箱冷凍保存。貝類如果要保存較長時間，吐完沙後倒掉鹽水，馬上放入冰箱冷凍保存。

乾燥食材

乾燥食材裝入密封容器保存，避免濕氣入侵是保存乾燥食材的重點。

麵包

短時間內要吃的話，請盡速食用完畢，最多可以放在常溫中保存2天。食用期間會超過2天以上，請於購買回來後，立即分裝放入冰箱冷凍保存，冷凍可以避免水分流失。要吃的時候，將冷凍過的麵包用烤麵包機或烤箱加熱即可食用。

2
人份

醬燒獅子辣椒馬鈴薯

獅子辣椒盛產於夏季,具有促進新陳代謝及降血壓的功效。
獅子辣椒有甜椒的香,又帶有微微辣感,與馬鈴薯一起燉煮,
獅子辣椒的辛香味與馬鈴薯融合後,就是一道微辣又爽口的開胃小菜了。

材料 Ingredients

獅子辣椒 50g
昆布(2×3cm)1片
大蒜 5瓣
馬鈴薯 2顆
冷水 1杯
食用油 2大匙

醬汁
醬油 3大匙
料理酒 2大匙
果寡糖 1大匙
白砂糖 ½大匙
香油 ½大匙
白芝麻 ½大匙
胡椒粉 少許

作法 How to make

① 材料裡的冷水中放入昆布,浸泡30分鐘成為昆布水。

② 馬鈴薯洗淨後,削皮,切成小塊;獅子辣椒剪掉辣椒蒂,先剖開成兩半後,再對切成兩段,每根切成4等份;大蒜切片。

③ 平底鍋預熱,倒食用油,放入②的馬鈴薯翻炒。馬鈴薯表面開始變得有些透明的時候,倒入①的昆布水和醬汁材料一起燉煮。

④ 醬汁收乾到原先的一半時,放入②的獅子辣椒和大蒜攪拌一下,繼續燒到醬汁收乾。

TIP

馬鈴薯可以改用等量的小魚乾替代,變化成美味的醬燒獅子辣椒小魚乾。

1

2

3

4

薑汁燒肉

薑汁燒肉是日本家庭料理常見的一道菜。
我第一次在日本電影《海鷗食堂》見到這道菜，就馬上試做了這道料理。
煎好的薑汁燒肉鋪在疊高的高麗菜絲上，既好看又好吃。

2
人份

材料　Ingredients

豬前腿肉 280g
高麗菜 100g
食用油 1大匙

醃料
醬油 1½大匙
料理酒 1½大匙
清酒 1大匙
蜂蜜 1大匙
薑泥 ½大匙

作法　How to make

① 高麗菜切成細絲，洗淨並瀝乾水分。

② 豬肉切成適口大小的片狀，放入調理盆中，加入醃料攪拌均勻，靜置30分鐘，醃漬入味。

③ 平底鍋預熱，倒入食用油，放入②的豬肉片，以中火煎熟豬肉，兩面呈焦香金黃。

④ 盤子內先鋪滿①的高麗菜絲，再將③的薑汁燒肉放在高麗菜絲上面，完成。

TIP

可以切一些紅辣椒末或蔥花點綴，增添料理的色彩。

1

2

3

4

茄子牛肉卷

這道菜以冷菜的方式呈現，最適合在食欲不振的悶熱夏天品嘗。

鉀含量豐富的茄子與高蛋白質的牛肉合而為一，就誕生了這道營養滿分的茄子牛肉卷。

盛盤時，撒上一點紅、綠辣椒末點綴，看起來更精緻，就算當宴客菜也毫不遜色。

2
人份

材料 Ingredients

牛肉片（火鍋用）
300g
松子 45g
茄子 1根
紅辣椒 1根
青辣椒 1根
小魚昆布高湯 1杯
濃醬油 2大匙
鹽 少許
胡椒粉 少許

醬汁
水 5大匙
濃醬油 2大匙
檸檬汁 2大匙
醋 1大匙
果寡糖 1大匙
蒜末 1大匙
香油 ½大匙
鹽 少許
胡椒粉 少許

作法 How to make

❶ 茄子用刨刀刨成長條狀薄片。平底鍋或燒烤盤不用抹油，預熱後，以中火乾煎茄子片，兩面煎至焦香金黃。

❷ 取一個鍋子，倒入小魚昆布高湯、濃醬油、鹽、胡椒粉，開火煮至沸騰。牛肉片一片一片放入高湯中涮熟後，用一個盤子裝起來，靜置冷卻。

❸ 醬汁材料拌勻備用。

❹ 紅辣椒、青辣椒、松子分別切成碎末。

❺ 取1片❶的茄子片做為外層，上方放上一片❷的牛肉片後，做成卷狀，重複此步驟，將全部的茄子片和牛肉片做成卷。漂亮地盛盤後，撒上❹的辣椒末和松子碎末點綴。最後再淋上❸的醬汁，完成。

TIP

莫札瑞拉起司鋪在捲好的茄子牛肉卷上，放入微波爐加熱2分30秒，加了香濃的起司，孩子會更喜歡這道料理。

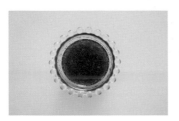

1

2

3

4

5

醬燒豆腐

軟嫩的豆腐加上微甜微鹹的醬汁做成的醬燒豆腐，可以說是人人都喜愛的國民小菜。
豆腐吸附了滿滿的醬汁，又有豐富的蛋白質，很適合當孩子的便當菜。

材料 Ingredients

板豆腐 1塊
太白粉 4大匙
食用油 2大匙
香油 ½大匙

醬汁
水 5大匙
濃醬油 3大匙
洋蔥末 1½大匙
蔥花 1½大匙
果寡糖 1大匙
料理酒 ½大匙
蒜末 ½大匙
白芝麻 ½大匙

作法 How to make

① 醬汁材料拌勻備用。

② 豆腐切成厚2cm的方形片狀，用廚房紙巾擦乾豆腐表面水分，均勻塗抹上太白粉。

③ 平底鍋預熱，倒入食用油，以中火煎熟豆腐。煎豆腐時，豆腐之間保持間距，避免沾黏在一起。

④ 豆腐煎至表面焦香金黃後，倒入①的醬汁，慢火燒至醬汁收乾，完全被豆腐吸附進去，完成。醬汁的量可以依照個人喜好增減。

TIP

醬汁材料可以再加入1大匙的韓國辣椒粉，變化成甜中帶辣的辣味醬燒豆腐。

1

2

3

4

韓式涼拌生菜

小時候住奶奶家，奶奶常用菜園裡現摘的生菜做涼拌生菜給我吃。
即使經過那麼多年，我仍然忘不了涼拌生菜的好滋味。
用新鮮的生菜做的涼拌生菜，可以單吃，或是搭配肉類料理一起吃也很解膩。

材料 Ingredients

生菜 15片

醬汁
韓國辣椒粉 2大匙
醬油 1大匙
白砂糖 1大匙
蒜末 1大匙
蔥花 1大匙
香油 1大匙
白芝麻 ½大匙

作法  How to make

❶ 生菜在流動的水下沖洗乾淨後，撕成適口大小。

❷ 調理盆中放入❶的生菜和醬汁材料，輕柔地翻拌均勻，完成。拌生菜時，不要用力抓揉，避免生菜失去爽脆口感。

1

2

海鮮包飯醬

冰箱裡沒有什麼特別的小菜時,試試看做海鮮包飯醬吧!
配上熱騰騰的白飯和一些生菜就是營養又美味的一餐。
預先做好海鮮包飯醬放在冰箱,在忙亂的早晨也可以簡單又迅速地準備好早餐。

4
人份

材料 Ingredients

魷魚（腳）1副
蝦子 10隻
淡菜肉 30g
鮮香菇 2朵
青辣椒 1根
洋蔥 ½顆
櫛瓜 ¼根
小魚昆布高湯 ½杯
韓國大醬 2大匙
料理酒 2大匙
紫蘇籽油（或香油）1大匙
韓國辣椒醬 1大匙
蒜末 ½大匙

作法 How to make

① 魷魚腳洗淨；蝦子剝殼。魷魚腳、蝦仁、淡菜肉都切成小丁。

② 鮮香菇、洋蔥、櫛瓜切成小丁；青辣椒切成細末。

③ 平底鍋預熱，倒入紫蘇籽油和蒜末炒香，加入韓國大醬、韓國辣椒醬拌炒1分鐘。

④ 在③的平底鍋中倒入小魚昆布高湯、料理酒，攪拌均勻後，加入①的海鮮、②的香菇及洋蔥一起煮。

⑤ 沸騰冒泡時，加入②的櫛瓜和青辣椒，再沸煮一下，完成。

1

2

3

4

5

The Best Day for Cooking

辣炒魷魚豬五花

魷魚有助於消除疲勞，預防糖尿病，促進大腦運作。
好吃又有益身體的魷魚、肥瘦相間豬五花肉加上豐富的蔬菜，
用韓國辣椒醬炒一下，就是一道非常下飯的辣炒料理了。

2
人份

材料 Ingredients

魷魚（軀幹）1隻
豬五花肉 300g
大蔥 1根
洋蔥 1顆
胡蘿蔔 ⅓根
高麗菜 ⅙顆
食用油 2大匙

醬汁
韓國辣椒粉 4大匙
醬油 2½大匙
果寡糖 2½大匙
韓國辣椒醬 2大匙
料理酒 2大匙
白砂糖 1大匙
蒜末 1大匙
白芝麻 少許
薑汁 少許
胡椒粉 少許

作法 How to make

① 魷魚去除內臟並剝掉外膜，清洗乾淨。在魷魚和五花肉的表面都切出菱形紋路後，切成適口大小。

② 洋蔥切絲；胡蘿蔔和大蔥斜切成片；高麗菜切成適口大小。

③ 醬汁材料拌勻備用。

④ 調理盆中放入①的魷魚和五花肉、②的蔬菜、③的醬汁，攪拌均勻，靜置30分鐘，醃漬入味。

⑤ 平底鍋預熱，倒入食用油，醃漬好的④倒入，以大火拌炒5分鐘後，轉中火炒至全部食材熟透，完成。

TIP

上桌前，撒上一些蔥花和白芝麻，可以增加美感和香氣。吃完剩下的醬汁可以加一些白飯、海苔絲、切小塊的泡菜、香油，加熱拌炒一下，就是美味的辣炒飯了。

1

2

3

4

5

4
人份

牛肉辣醬

做一次牛肉辣醬存放在冰箱，
平常想簡單吃一餐的時候，用來製作飯糰或拌飯都很方便。
有空的時候做做看，並運用在各種料理上吧！

材料 Ingredients

牛絞肉 400g
香油 2大匙

醃料
料理酒 1大匙
洋蔥末 1大匙
蒜末 1大匙
胡椒粉 少許

醬汁
韓國辣椒醬 5大匙
梅汁 1大匙
果寡糖 1大匙
香油 1大匙
白芝麻 1大匙
醬油 ½大匙

作法 How to make

❶ 調理盆中放入牛絞肉和醃料，攪拌均勻。

❷ 平底鍋預熱，倒入香油，再放入❶的牛絞肉拌炒至牛肉微熟後，加入醬汁材料，持續拌炒至醬汁收乾，完成。

1

2

涼拌豆腐小黃瓜

涼拌豆腐小黃瓜是一道低卡路里且營養滿分的涼拌料理，最適合在食欲不振的夏季享用。
潮濕炎熱的夏季容易讓人感到煩躁、壓力大，會消耗許多蛋白質。
這道料理一次就能吃到富含蛋白質的豆腐、補充水分的小黃瓜、清熱解毒的綠豆芽，沒有
比這個更適合在炎夏吃的健康料理了。

$$2$$
人份

材料 Ingredients

板豆腐 1塊
綠豆芽 1把
細蔥 15g
小黃瓜 ¼根
食用油 2大匙
鹽 少許
胡椒粉 少許

醬汁
水 2大匙
白砂糖 2大匙
醬油 2大匙
醋 2大匙
香油 1大匙
白芝麻 1大匙
黃芥末醬 ½大匙

作法 How to make

① 醬汁材料拌勻備用。

② 豆腐切成2cm的小丁後，用廚房紙巾擦乾表面水分，撒上少許鹽和胡椒粉調味。

③ 綠豆芽摘掉根鬚；小黃瓜削皮，切薄片；細蔥切成蔥花。

④ 平底鍋預熱，倒入食用油，放入②的豆腐，煎至表面焦香金黃後盛出，用廚房紙巾吸去多餘油脂，靜置降溫；綠豆芽以大火快速翻炒斷生，豆芽微微軟化後盛出，靜置降溫。

⑤ 盤子內先用③的小黃瓜片鋪底，再放上④的豆腐丁和綠豆芽，最後淋上①的醬汁並撒上③的蔥花，完成。

1

2

3

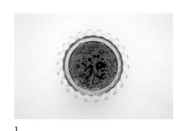

4

5

4
人份

韓式炒蔓越莓杏仁小魚

韓式炒小魚乾先用醬油炒過，
最後再裹上果糖，滋味甜中帶鹹一直是韓國很受歡迎的小菜。
小魚富含鈣質，杏仁能防止老化，預防帕金森氏症，蔓越莓可降低膽固醇。
這三樣食材一起炒成一道小菜，不僅美味，還兼具各種營養素。

材料 Ingredients

小魚乾 250g
蔓越莓乾 70g
杏仁粒 70g
食用油 4大匙
果寡糖 4大匙
料理酒 2大匙
醬油 2大匙
蒜末 1大匙
白芝麻 少許

作法 How to make

❶ 小魚乾裝入濾網中，抖動濾網，篩掉細小的碎渣和雜質。

❷ 平底鍋預熱，倒入食用油，加入蒜末炒香後，加入小魚乾拌炒。

❸ 小魚乾炒出現金黃色澤後，加入料理酒和醬油一起拌炒至乾爽。

❹ 關火，放入蔓越莓乾、杏仁粒、果寡糖、白芝麻，攪拌均勻，完成。開著火時放果寡糖的話，小魚乾容易黏結成一塊，口感會變硬不酥脆。

1

TIP

杏仁可以替換成葵瓜子、核桃、開心果等其他堅果類。炒好的堅果小魚可以加到海苔拌飯和白飯中，製作成飯糰，或是當作餡料做成飯捲，也是不錯的選擇。

2

3

4

蕈菇煎餅

菇類具有防癌、抗癌的效果，屬於脂溶性的營養素，
必須和油一起烹調，才能充分攝取其營養素。
做成煎餅，表皮酥脆，內部軟嫩，當孩子的點心或是下酒菜都很適合。

材料 Ingredients

鮮香菇 5朵
黑蠔菇 1把
大蔥 2根
雞蛋 3顆
紅辣椒 2根
洋蔥 ½顆
麵粉 2大匙
食用油 適量
鹽 少許
胡椒粉 少許

作法  How to make

❶ 鮮香菇、黑蠔菇、紅辣椒、洋蔥、大蔥全部切成細末。

❷ 調理盆中放入❶的食材、麵粉、雞蛋、鹽、胡椒粉，攪拌均勻成為煎餅麵糊。

❸ 平底鍋預熱，倒入多一點的食用油，用湯匙將煎餅麵糊舀入平底鍋中，每片麵糊呈適口大小，兩面煎至焦香金黃，即可上桌享用。

1

2

3

TIP

食材中加入牛絞肉，可以變化成牛肉蕈菇煎餅，煎餅的口感會更有嚼勁並充滿肉汁。

韓式醬牛肉

醬牛肉是小時候媽媽很常做給我吃的一道小菜，
搬出家裡自己一個人住之後，這道小菜就是我經常想念的料理。
醬牛肉可以保存較長時間，一次做多一點，
裝滿一大盒密封容器後，放入冰箱保存，慢慢吃。

4
人份

材料 Ingredients

牛腩 300g
鳥蛋 1盒
昆布 （3×5cm）2片
大蒜 8瓣
大蔥 2根
洋蔥 1顆
青陽辣椒 ½根
料理酒 2大匙
胡椒粉 z½大匙

醬汁
醬油 ½杯
白砂糖 3大匙
料理酒 3大匙

作法 How to make

① 牛腩放入冷水中浸泡2小時，排出血水。

② 鳥蛋煮熟後，剝去蛋殼。

③ 洋蔥切成4等份；大蔥切大段；青陽辣椒剖開成兩半。取一個鍋子，放入這些蔬菜和牛腩，加清水至淹過食材，放入大蒜5瓣、昆布、料理酒、胡椒粉，開火熬煮至湯汁變白（約40分鐘）。取出煮熟的牛腩，並將高湯用棉布或濾網過濾一次。

④ ③的牛腩放涼後，用手撕成粗絲；高湯放入冰箱冷藏3小時後，撈掉表面凝固的油脂。

⑤ 取一個鍋子，放入④的高湯2杯、牛肉絲、②的鳥蛋、醬汁材料，開火加熱。

⑥ 醬汁收乾至原先的一半時，將剩餘的大蒜3瓣切片放入，再繼續煮至醬汁收乾，完成。

TIP

牛肉也可以改用雞肉、豬肉等其他肉類替代，享用不同肉類做成的醬肉口味。

1

2

3

4

5

6

2
人份

辣炒魷魚絲

辣炒魷魚絲做法看似簡單，但是要讓魷魚絲吃起來柔軟好入口卻不怎麼容易。
讓魷魚絲口感柔軟的小祕訣，就是魷魚絲要先加一些美乃滋抓揉一下。
甜甜辣辣的炒魷魚絲是一年四季都不能少的家常小菜。

材料 Ingredients

魷魚絲 150g
美乃滋 3大匙
食用油 2大匙

醬汁
韓國辣椒醬 2½大匙
果寡糖 2大匙
料理酒 2大匙
韓國辣椒粉 1大匙
醬油 1大匙
白砂糖 1大匙
蒜末 1大匙
香油 1大匙

作法  How to make

1. 乾魷魚絲以清水快速沖洗一下，使表面濕潤後，放入微波爐中加熱1分鐘，加入美乃滋抓揉一下。

2. 醬汁材料拌勻備用。

3. 平底鍋預熱，倒入食用油，放入❷的醬汁炒一下。

4. 醬汁開始沸騰後，關火，放入❶的魷魚絲拌勻，使魷魚絲均勻裹上辣醬汁，上桌享用。

1

2

3

4

4
———
人份

蝦仁韭菜煎餅

蝦仁韭菜煎餅使用了鮮甜Q彈的蝦仁以及香氣撲鼻的韭菜,
口感酥脆,很適合給小朋友當點心。
這道料理可一次攝取鈣質、牛磺酸和鉀,是美味又營養滿分的健康料理。

材料 Ingredients

蝦子 200g
煎餅粉 60g
綠紫蘇葉 10片
韭菜 1把
紅辣椒 1根
蛋黃 1顆
冰水 1/3杯
食用油 適量

佐醬
細蔥 15g
醬油 3大匙
洋蔥末 2大匙
水 1大匙
醋 1大匙
白芝麻 1大匙
白砂糖 1/3大匙

作法 How to make

① 韭菜切成長1cm的小段;綠紫蘇葉切成和韭菜一樣的細絲;紅辣椒剖半後,去籽,切成細末;蝦子剝殼後,切成小丁。

② 調理盆中放入煎餅粉、蛋黃、冰水,攪拌均勻後,再放入①的食材,攪拌均勻成為煎餅麵糊。

③ 平底鍋預熱,倒入食用油,用湯匙將②的煎餅麵糊舀入平底鍋中,每片麵糊呈適口大小,將兩面煎至焦香金黃。煎的時候,油若不夠,可以適時從旁邊補充食用油。

④ 細蔥切成蔥花,加入佐醬材料中一起拌勻,搭配煎餅一起享用。

1

TIP

煎餅麵糊中可以添加蝦乾,增加酥脆的口感,變化成蝦乾韭菜煎餅。沒有煎餅粉時,可用麵粉45g、酥炸粉45g調合替代煎餅麵糊。

2

3

4

2
人份

炒堅果蝦乾

炒蝦乾是一種乾式小菜，可以放在冰箱冷藏一星期，慢慢吃。
這道炒蝦乾加了堅果類，可以攝取到蝦子所沒有的其他營養素，
也增加堅果香氣及酥脆口感。

材料 Ingredients

蝦乾 100g
核桃 40g
花生 40g
食用油 4大匙
果寡糖 2大匙
白芝麻 1大匙

醬汁
水 5大匙
醬油 1大匙
料理酒 1大匙

作法 How to make

❶ 醬汁材料拌勻後備用。

❷ 平底鍋預熱，倒入食用油，放入蝦乾，以中火炒3分鐘，將蝦乾表面炒至焦香金黃。

❸ ❶的醬汁、核桃、花生加入一起拌炒1分鐘後，關火，加入果寡糖、白芝麻攪拌均勻，完成。

1

2

3

小菜不只是補充主菜不足的味道及營養，也能增添餐桌的顏色和美感。
做菜時，思考一下各種主菜和小菜的顏色，精心搭配布置看看吧！
你的餐桌一定會變得更加色彩繽紛，更令人食欲大開！

醬燒鯖魚

醬燒鯖魚中，有燉得鬆軟的馬鈴薯和鮮甜的白蘿蔔，
非常下飯，搭配一起吃，一碗白飯很快就吃光光。
鯖魚可增強記憶力，還能預防腦中風、帕金森氏症、心肌梗塞，
是健康料理不可或缺的好食材。

2
人份

材料 Ingredients

鯖魚 1隻
白蘿蔔 200g
洋蔥 1顆
青陽辣椒 ½顆
大蔥 ½根

高湯

白蘿蔔 200g
大蒜 5瓣
小魚乾（熬湯用）10隻
青陽辣椒 1根
大蔥 ½根

醬汁

濃醬油 3大匙
韓國辣椒粉 3大匙
清酒 2大匙
湯醬油 1大匙
韓國辣椒醬 1大匙
蒜末 1大匙
果寡糖 1大匙
白砂糖 ½大匙
香油 ½大匙
薑汁 少許
胡椒粉 少許

放入鯖魚後，要蓋上鍋蓋，才能將醬汁味道充分煨入魚肉內。擔心有魚腥味的話，可以改用秋刀魚罐頭替代，不用清理生魚，料理過程也變得更簡單。怕辣的話，青陽辣椒可以省略不放。

作法 How to make

① 鍋中放入高湯材料和水2L，開火煮至沸騰後，煮好的高湯用濾網過濾一次。

② 醬汁材料拌勻備用。

③ 鯖魚去掉頭、尾、鰭、內臟，在流動的水中清洗乾淨後，切成4等份。

④ 白蘿蔔切成厚1cm的方形片狀；洋蔥切絲；大蔥和青陽辣椒斜切成橢圓形圈狀。

⑤ 燉鍋中放入白蘿蔔片，倒入高湯，開火燉煮。白蘿蔔熟透後，放入鯖魚、洋蔥、醬汁一起煮，沸騰後，轉中火，繼續煮至湯汁收乾。

⑥ 最後放入④的大蔥和青陽辣椒，再煮2分鐘，完成。

1

3

4

5

6

3
人份

唐揚炸雞

日式炸雞稱為唐揚炸雞，咬下去會有獨特的醬香肉汁，是很受歡迎的炸物料理。
炸好的唐揚炸雞搭配清爽的沙拉一起享用，就是美味的一餐。
當作下酒菜，喝一杯啤酒，更是絕配的組合。

材料 Ingredients

雞腿肉 500g
太白粉 5大匙
食用油 適量

醃料
醬油 1大匙
洋蔥汁 1大匙
料理酒 1大匙
白砂糖 ½大匙
薑粉 少許
胡椒粉 少許

作法 How to make

① 雞腿肉去皮，並切除多餘脂肪後，切成適口大小。

② 調理盆中放入①的雞腿肉和醃料材料拌勻，靜置30分鐘，醃漬入味。

③ 在②的調理盆中加入太白粉拌勻，使每塊肉的表面都均勻裹上太白粉。

④ 油炸鍋中倒入足以淹過雞塊的食用油後，加熱至170℃，放入雞腿肉油炸。雞肉炸熟後，撈出，放置在廚房紙巾上，吸去多餘油脂，上桌享用。

TIP

沒有溫度計的話，將麵衣丟入油鍋中測試看看吧！麵衣沉入鍋底才緩浮上來，油溫大約是140℃；麵衣沉到油的中央就浮上來，油溫大約是170℃；麵衣沒有往下沉，直接浮在油的表面，油溫則約是200℃。

1

2

3

4

2
人份

醬燒地瓜雞翅

這道醬燒地瓜雞翅的味道雖然很像安東燉雞，但是料理過程更簡單。
雞肉不要用冷凍的雞肉，請選購冷藏的雞肉。
冷凍過的雞肉不只會失去肉汁和口感，也流失許多營養成分。

材料 Ingredients

牛雞翅膀（翅小腿＋中翅）300g
地瓜（小顆）2顆
義大利乾辣椒 2根
（或青陽辣椒 ½根）
大蔥 1根

醃料

清酒 1大匙
蒜末 ½大匙
薑汁 少許
胡椒粉 少許

醬汁

水 5大匙
濃醬油 3大匙
果寡糖 2大匙
清酒 1大匙
薑汁 少許
香油 少許
白芝麻 少許

作法 How to make

❶ 雞翅在流動的清水下沖洗乾淨後，放入調理盆中，並
加入醃料材料一起拌勻，醃漬30分鐘；地瓜洗淨後，
削皮並切成適口大小。

❷ 醬汁材料拌勻備用。

❸ 鍋中放入❶的雞翅和地瓜，加清水至淹過食材的高
度，開火加熱。雞翅和地瓜煮熟後，將水倒掉。

❹ 取另一個鍋子，放入❸的雞翅和地瓜、❷的醬汁、義
大利乾辣椒，開火煮至湯汁微微收乾。大蔥切成長
3cm的小段，放入鍋中再煮一下，完成。

1

2

TIP

不喜歡吃那麼甜的人，可以用櫛瓜
取代地瓜，口味更清爽。喜歡吃辣
的人，醬汁材料中可以加入1大匙
韓國辣椒粉，吃起來微辣，更增進
食欲。

3

4

醬燒蓮藕

煮得入味有嚼勁的醬燒蓮藕可以說是小菜中的一絕。
蓮藕富含維生素C、鐵質，有助於改善貧血症狀，
豐富的膳食纖維則有助於減重，除此之外，內含豐富的鉀還有抑制高血壓的效用。

材料 Ingredients

胡蘿蔔 500g
大蒜 4瓣
辣椒 2根
醬油 1杯
果寡糖 1杯
清酒 ¼杯
醋 1杯
香油 1大匙
白芝麻 少許

作法 How to make

❶ 蓮藕洗淨後，削皮，切成薄片；辣椒斜切橢圓形圈狀；大蒜切片。

❷ 調理盆中放入蓮藕、醋，加清水至淹過食材的高度，浸泡30分鐘，去除苦澀味後，撈出並瀝乾水分。

❸ 鍋中放入上述的蓮藕、辣椒、大蒜後，加入醬油、果寡糖、清酒、水½杯，開大火加熱。

❹ 沸騰後，轉中火，繼續煮至湯汁收乾，蓮藕入味。最後撒上香油和白芝麻，完成。

1

2

3

4

想吃不一樣的料理時，
一盤就能搞定的

單盤料理

家常菜吃膩了，想來點不一樣的嗎？這個時候就打開冰箱，運用現有的食材做單盤料理（One Plate）吧！本單元除了韓國菜以外，還有日本、義大利、泰國等不同國家的單盤料理。除了平常吃的家常菜，偶爾變化一下，做做看異國料理，就算只是吃飯，也有像出國旅行般新奇的體驗。

家裡的菜餚和餐桌也要美美的，
餐桌布置及擺盤

活用木質托盤

最近在咖啡廳或是一般家庭中，餐桌墊和托盤的使用率愈來愈高了。餐桌墊有棉麻、塑膠等各式各樣材質，花色也相當豐富。除了餐桌墊以外，也可以使用木製托盤布置餐桌，馬上就有咖啡館餐點的精緻感，清洗時也比布料餐桌墊更加容易。

善用乾燥花裝飾

乾燥花比假花更有質感，比鮮花更耐放，可以使用很長時間，用來布置餐桌是很好的素材。拿一個空玻璃瓶，插入一些乾燥花，擺在餐桌上吧！雖然只是小小的變化，卻能讓餐桌變得很有氣氛。乾燥花也可以在家中自行製作，選擇通風的窗邊或陽台，將鮮花倒著懸掛，互相不要重疊，自然風乾即可。

料理完成之後，美美地擺盤和布置餐桌也是一種下廚的樂趣。
最近有愈來愈多漂亮別緻的廚房小物，花一點心思，就能讓餐桌變得令人眼睛為之一亮。
有空的時候逛一逛販賣碗盤、桌巾等廚房配件的文創小店，
觀摩別人如何布置，回家設計出屬於自己的餐桌布置風格吧！

活用鍋子和平底鍋

過去，鍋具單純只是烹調用的工具，做好的料理都要另外用漂亮的餐具盛裝才能端上桌。近幾年，美觀又有設計感的鑄鐵鍋、琺瑯鍋、彩繪平底鍋等鍋具愈來愈多，料理做好後直接將鍋子端上桌，鍋子漂亮的外觀本身就是裝飾的一部分，非常實用。例如：Staub、Le Creuset就是以色彩繽紛、設計新穎著稱的知名鑄鐵鍋品牌。

妝點餐桌的食器和小物

潔淨時尚的食器和小物是布置餐桌時不可或缺的道具。華麗花紋的盤子適合盛裝顏色較單調的料理。白淨素雅的盤子能襯托其他顏色，適合盛裝色彩較豐富的菜餚。擺上造型獨特的筷架也可以為餐桌布置帶來加分的效果。

鳳梨炒飯

鳳梨炒飯是很受歡迎的一道泰國料理。
酸酸甜甜的滋味充滿整個嘴巴，還能品嘗到鳳梨濃郁芬芳的熱帶水果香氣。
鳳梨具有幫助消化、分解蛋白質的效用，很適合和肉類料理一起食用。

$\frac{1}{\text{人份}}$

材料 Ingredients

鳳梨 ½顆
白飯 1碗
蝦子 50g
火腿 50g
大蔥 15g
青椒 ¼顆
紅甜椒 ¼顆
食用油 2大匙
蠔油 1大匙
鹽 少許
胡椒粉 少許

作法 How to make

❶ 鳳梨對半剖開後,挖出中心的果肉並切成小丁,外殼留下來當鳳梨盅。

❷ 青椒、紅甜椒、火腿切丁;大蔥切成蔥花;蝦子剝殼。

❸ 平底鍋預熱,倒入食用油,加入❷的蔥花拌炒出香味後,加入❷的蝦仁、火腿、甜椒、❶的鳳梨果肉後,再加入蠔油一起拌炒均勻。

❹ 所有食材都炒熟後,倒入白飯,開大火快炒拌勻後,加鹽和胡椒粉調味。

❺ 炒好的鳳梨炒飯裝入❶的鳳梨盅,上桌享用。

1

3

2

4

5

2
人份

奶油薤白燉飯

奶香濃郁的奶油燉飯中,加入薤白,更加香氣四溢。
春天盛產的薤白、薺菜等野菜,香氣會更加濃郁。

材料 Ingredients

薤白 140g
蘑菇 70g
細蔥 30g
雞湯塊 1塊
白米 1½杯
牛奶 1杯
鮮奶油 1杯
帕馬森起司粉 1大匙
奶油 1大匙
蒜末 ½大匙
香草鹽 少許
鹽 少許
胡椒粉 少許

作法 How to make

① 白米洗淨,倒入清水浸泡30分鐘後,瀝乾水分。

② 蘑菇切片;薤白洗淨後,切小段;雞湯塊加1杯冷水,攪拌至溶解,調合成高湯。

③ 平底鍋預熱,放入奶油、蒜末炒香,倒入浸泡過的白米一起拌炒。白米變得半透明時,倒入½杯雞湯塊高湯,拌炒2分鐘後,再倒入剩餘的½杯高湯一起煮。

④ 高湯湯汁收乾後,倒入牛奶、鮮奶油,再加入香草鹽、鹽、胡椒粉調味,繼續燉煮。

⑤ 湯汁與白飯開始冒泡時,加入②的蘑菇和薤白,再撒入帕馬森起司粉,再煮一下,收乾湯汁,完成。

1

2

3

4

5

TIP

沒有帕馬森起司粉,可以改用一般早餐吃的起司片1片替代。不喜歡使用雞湯塊,可以自己熬煮雞高湯(作法參見P.33)替代。

海鮮番茄燉飯

番茄燉飯除了番茄香氣以外，還有濃郁的蒜香味，再帶一點辣度，滋味超棒！
這道料理還加了豐富的海鮮，吃得到濃濃大海味。
忙碌時做一盤海鮮番茄燉飯品嘗，可以讓心情放鬆許多。

2 人份

材料 Ingredients

蝦子 4隻
魷魚（軀幹）1隻
蛤蜊 100g
義大利乾辣椒 4根
義大利麵紅醬（市售）2杯
白米 1½杯
橄欖油 3大匙
洋蔥末 3大匙
蒜末 2大匙
鹽 少許
胡椒粉 少許
洋香菜末 少許

作法 How to make

❶ 白米洗淨，倒入清水浸泡30分鐘後，瀝乾水分。

❷ 蝦子、蛤蜊、魷魚洗淨後，蝦子剝殼，魷魚切成寬1cm的圈狀。取一個鍋子加水，加熱至沸騰後，放入海鮮川燙後撈出。川燙過海鮮的水留下1杯備用。

❸ 平底鍋預熱，倒入橄欖油，加入洋蔥末、蒜末、義大利乾辣椒炒香。洋蔥變成半透明時，放入白米拌炒。

❹ 白米顏色變成半透明時，倒入❷中留下的海鮮水½杯，拌炒2分鐘後，再倒入剩餘的½杯，並放入全部海鮮食材一起燜煮。

❺ 湯汁收乾後，倒入義大利麵紅醬、胡椒粉、洋香菜末，持續翻炒至米粒將湯汁都吸收進去。最後加鹽調整鹹度，完成。

1

2

3

4

5

TIP

義大利麵紅醬也可以用市售的白醬替代，變化成海鮮奶油燉飯。

菠菜青醬義大利麵

營養滿分的菠菜是大力水手卜派的最愛,對於發育中的孩子和孕婦特別好。
菠菜不僅可以製作沙拉,做成特別的菠菜青醬,
還可烹調成健康又美味的青醬義大利麵。

材料 Ingredients

義大利麵 100g
菠菜 100g
橄欖油 5大匙
鮮奶油 3大匙
蒜末 ½大匙
鹽 ½大匙
帕馬森起司粉 少許
胡椒粉 少許

作法 How to make

❶ 鍋中放入水3杯、鹽¼大匙,開火煮至沸騰,放入菠菜燙熟後,浸泡冷水降溫,擰乾水分。川燙過菠菜的水留下3大匙備用。

❷ ❶的菠菜和川燙菠菜的水、橄欖油4大匙放入食物調理機中,攪打成泥。

❸ 取另一個鍋子,加水,放入橄欖油½大匙、鹽¼大匙,開火煮至沸騰,放入義大利麵,煮7分鐘。

❹ 平底鍋預熱,放入橄欖油½大匙、蒜末,拌炒至蒜末變成金黃色,放入❷的菠菜泥、鮮奶油、胡椒粉,拌炒一下,加鹽調整鹹味,放入義大利麵,攪拌均勻。最後撒上帕馬森起司粉,大功告成。

TIP

可以依據個人喜好,添加培根、蘑菇、蝦子等食材。

1

2

3

4

茄汁肉丸

冰箱中剩餘的蔬菜切成碎末，加入絞肉做成小巧可愛的肉丸，
不僅大人小孩都愛吃，也是很適合放入便當的菜色。
做好的茄汁肉丸還可以變化成不同料理。加一些義大利麵做成茄汁肉丸義大利麵，
用土司或麵包夾起來，就是好吃又方便攜帶的肉丸三明治。

2
人份

材料 Ingredients

牛絞肉 150g
豬絞肉 50g
蘑菇 4朵
雞蛋 1顆
洋蔥 ¼顆
胡蘿蔔 ¼根
義大利麵紅醬（市售）2杯
麵包粉 4大匙
清酒 2大匙
橄欖油 2大匙
蒜末 ½大匙
奶油 ½大匙
鹽 少許
胡椒粉 少許
洋香菜末 少許
帕馬森起司粉 少許

蔬菜高湯
大蔥 2根
洋蔥 ½顆
胡蘿蔔 ¼根
月桂葉 1片
水 3杯

作法 How to make

❶ 鍋中放入蔬菜高湯的材料，以中火熬煮30分鐘，過濾後，完成蔬菜高湯。

❷ 牛絞肉和豬絞肉放在廚房紙巾上，撒上清酒和胡椒粉稍微攪拌一下。

❸ 蘑菇、洋蔥、胡蘿蔔切成細末。取一個平底鍋預熱，放入橄欖油1大匙和蔬菜末拌炒，並加入鹽和胡椒粉調味後，靜置冷卻。

❹ 調理盆中放入❸的蔬菜末、❷的牛絞肉和豬絞肉、蒜末、雞蛋、洋香菜末、麵包粉，用手抓揉至絞肉產生筋性。

❺ ❹的絞肉分成適口大小的份量後，搓揉成圓球狀。取一個平底鍋預熱，放入橄欖油1大匙和奶油，以中火將肉丸表面煎至焦香金黃。

❻ 肉丸煎好後，倒入❶的蔬菜高湯，煮熟肉丸。倒入義大利麵紅醬，並依個人喜好加入帕馬森起司粉、胡椒粉、鹽調味，再煮一下收乾湯汁，肉丸入味。

TIP

茄汁肉丸放在煮熟的義大利麵上，再鋪上莫札瑞拉乳酪，放入微波爐加熱2分30秒，美味的焗烤茄汁肉丸義大利麵就完成了。

1

2

3

4

5

6

2
人份

鮭魚茶泡飯

茶泡飯是將飯浸泡在綠茶中一起食用的日本家常料理。
可以依據個人喜好添加日式醃梅、明太子等不同配料，
我最喜歡的茶泡飯口味是香煎鮭魚茶泡飯。

材料 Ingredients

白飯 1碗
鮭魚 50g
細蔥 15g
綠茶粉 1大匙
熱水 2½大匙
食用油 2大匙
山葵醬 少許
香草鹽 少許
白芝麻 少許

作法 How to make

❶ 熱水中加入綠茶粉拌勻，成為茶湯。

❷ 鮭魚撒上香草鹽調味。取一個平底鍋預熱，倒入食用油，放入鮭魚，煎至魚肉熟透，兩面焦香金黃。鮭魚煎好後，切成適口大小。

❸ 飯碗中盛入白飯，放上❷的鮭魚，擠上少許山葵醬。❶的茶湯倒入飯碗中，大約到飯的⅔高度即可。細蔥切成蔥花，與白芝麻一起撒在鮭魚肉上，完成享用。

TIP

沒有綠茶粉的話，可以用綠茶茶包替代，沖泡成綠茶茶湯。鮭魚可以用罐頭鮭魚替代。香草鹽可以用一般鹽和胡椒粉替代。

1

2

3

大阪燒

大阪燒是日本大阪的著名料理之一。
在麵糊中加入海鮮、肉以及滿滿的蔬菜後，倒在鐵板上煎的日式煎餅。
大阪燒運用冰箱剩下的零星食材就能製作，深夜肚子餓或想小酌時，
很方便就可以做來當作宵夜或下酒菜。

2
人份

材料 Ingredients

高麗菜 100g
豬五花肉 100g
冷凍熟蝦仁 50g
細蔥 15g
柴魚片 1把
雞蛋 1顆
洋蔥 ½顆
麵粉（煎餅用）1杯
冰水 1杯
大阪燒醬 2大匙
美乃滋 1大匙
食用油 適量
胡椒粉 少許

作法 How to make

❶ 高麗菜和洋蔥切絲；細蔥切成蔥花；豬五花肉切成薄片。

❷ 調理盆中放入麵粉、冰水、熟蝦仁、胡椒粉、❶的高麗菜絲和洋蔥絲、細蔥花10g，攪拌均勻，成為麵糊。

❸ 平底鍋預熱，倒食用油，再倒入❷的麵糊，用湯匙攤開成圓形，鋪上豬五花肉片，用湯匙在中心壓一個凹洞，將雞蛋打在凹洞中，撒上❶的蔥花5g。

❹ 底部麵糊煎至焦香金黃後，翻面，頂部食材也煎熟。

❺ 全部食材都煎熟後，大阪燒醬和美乃滋擠在大阪燒表面，最後撒上滿滿柴魚片，上桌享用。

2

3

1

4

5

TIP

沒有大阪燒醬的話，也可以用日式豬排醬或照燒醬替代。

蔬菜烏龍冷麵

烏龍麵的麵體較粗，口感Q彈、有嚼勁，一般都是煮成熱湯烏龍麵，
但是這道食譜變化成冷麵的吃法，將烏龍麵加入大量新鮮蔬菜，
再搭配酸酸甜甜的涼拌醬汁，沒有食欲的時候，試試看這道清爽的蔬菜烏龍冷麵吧！

1
人份

材料 Ingredients

烏龍麵 200g
細蔥 15g
綠紫蘇葉 5片
萵苣 1把
雞蛋 1顆
檸檬 ⅛顆
鹽 少許

醬汁
日式鰹魚醬油露
（或濃醬油）2大匙
醋 1大匙
橄欖油 1大匙
紫蘇籽油 1大匙
蒜末 ½大匙
白砂糖 ½大匙

作法 How to make

❶ 綠紫蘇葉和萵苣切絲，浸泡冰水，使口感清脆後，瀝乾水分。

❷ 細蔥切成蔥花；檸檬對切成兩半。取一個鍋子，加水和鹽，放入雞蛋煮熟成水煮蛋後，撈出並浸泡冷水。雞蛋完全冷卻後，剝殼並對切成兩半。希望雞蛋半熟的話，在沸騰的水中煮7分鐘，全熟的話，則在沸騰的水中煮12分鐘。

❸ 醬汁材料拌勻後備用。

❹ 烏龍麵放入沸騰的水中煮2分鐘後撈出，放入冷水中淘洗降溫後，瀝乾水分。

❺ 調理盆中放入❶的萵苣和綠紫蘇葉、❹的烏龍麵、❸的醬汁，攪拌均勻。

❻ 拌好的❺裝入碗中，放上雞蛋、蔥花、檸檬，完成。

TIP

撒一點黑芝麻，咀嚼時會更有香氣。還可以依據個人喜好添加蝦子、培根、小番茄、甜椒等食材。

1

2

3

4

5

6

1
人份

泰式炒河粉

泰式炒河粉（Pad Thai）是泰國式炒麵，酸酸甜甜的滋味是其特色。
Q彈的河粉是米製成的麵條，配上新鮮的配料及可以增加口感的花生，
這樣組合起來的泰式炒河粉深受大家喜愛。

材料 Ingredients

泰式乾燥河粉 100g
冷凍熟蝦仁 50g
綠豆芽 50g
花生 15g
細蔥 15g
雞蛋 1顆
雞湯塊 ⅓塊
洋蔥 ¼顆
泰式炒河粉醬 ¼杯
食用油 2大匙

作法 How to make

❶ 乾燥河粉放入冷水中浸泡4小時，使其軟化；洋蔥切絲。

❷ 平底鍋預熱，倒入食用油，放入洋蔥，以中火稍微炒軟後，放入熟蝦仁一起拌炒。雞湯塊加水⅓杯，調合成雞高湯。

❸ 洋蔥和蝦仁炒出金黃色澤後，加入❶的河粉、❷的雞高湯，持續拌炒至湯汁完全被河粉吸收。

❹ 花生搗成碎末撒入鍋中，加入泰式炒河粉醬，並打入雞蛋，拌炒至蛋液變熟。

❺ 細蔥切成蔥花，和綠豆芽一起加入河粉中拌炒一下，完成。

1

2

3

4

5

泰式豬肉炒飯

泰式豬肉炒飯（Khao phat mu）和炒河粉，可以說是最受大家喜愛的兩道泰式料理。
Khao phat是泰文「炒飯」的意思，名字會根據不同的主食材而變換，
主食材使用豬肉叫做Khao phat mu，使用蝦子則叫做Khao phat kung。

材料 Ingredients

白飯 1碗
豬絞肉 150g
綠豆芽 50g
大蔥 1根
雞蛋 1顆
紅辣椒 1根
胡蘿蔔 ¼根
食用油 2大匙
清酒 1大匙
蠔油 1大匙
白砂糖 1大匙
魚露 1大匙
鹽 少許
胡椒粉 少許

作法 How to make

① 豬絞肉加入少許鹽和胡椒粉拌勻調味。

② 胡蘿蔔切細絲；紅辣椒、大蔥切成細末；綠豆芽以流動的清水洗淨後，摘除根鬚。

③ 平底鍋預熱，放入食用油和大蔥煸炒出蔥油後，放入①的豬絞肉、②的胡蘿蔔和紅辣椒，以及蠔油、白砂糖、魚露一起拌炒。

④ 豬絞肉和蔬菜都炒熟後，打入雞蛋，攪散並拌炒一下，倒入白飯拌炒均勻，最後加入②的綠豆芽拌炒至斷生，完成。味道不足時，可以再加鹽和胡椒粉調味。

1

TIP

豬絞肉可以替換成海鮮或其他食材，做成屬於自己的泰式炒飯。魚露可以用其他調味用的鮮露替代，但是不建議使用蝦醬，因為蝦醬中有雜質，會有沙沙的口感，不建議在這道料理中使用。

2

3

4

西班牙海鮮飯

西班牙海鮮飯是西班牙的傳統料理，
在飯中加入大量海鮮及蔬菜製作而成，與韓國的石鍋拌飯有異曲同工之妙。
還可以依據個人喜好變化成番茄大鍋飯或奶油大鍋飯。

2
人份

材料 Ingredients

淡菜 9個
蝦子 4隻
魷魚（軀幹）1隻
培根 2片
雞湯塊 1塊
洋蔥 ½顆
番茄 ½顆
檸檬 ½顆
青椒 ⅓顆
紅甜椒 ⅓顆
白米 1½杯
橄欖油 5大匙
蒜末 1大匙
洋香菜末 少許

作法 How to make

❶ 白米洗淨，倒入清水浸泡30分鐘後，瀝乾水分。

❷ 培根切成小片；青椒和紅甜椒切絲；洋蔥和番茄切成小丁。

❸ 蝦子洗淨後，剪掉觸鬚並用牙籤剔除腸泥；淡菜清洗乾淨；魷魚去除內臟後，切成圈狀。

❹ 平底鍋預熱，倒入橄欖油，加入蒜末爆炒至金黃色後，放入洋蔥和培根一起爆炒。

❺ 洋蔥和培根炒成焦香金黃後，放入浸泡過的白米一起拌炒，白米顏色變成半透明色時，放入雞湯塊和水2杯，蓋上鍋蓋，以小火煮10分鐘。

❻ 米快熟透時，放入❸的海鮮、❷的綠紅甜椒和番茄，蓋上鍋蓋，轉小火煮10分鐘。湯汁都收乾時，關火，再燜10分鐘。最後將檸檬對切成2等份，放在煮好的海鮮飯上，並撒上洋香菜末，大功告成。

TIP

鍋底煮出淺淺的鍋巴，吃起來更美味。

1

2

3

4

5

6

「外國影集和電影會出現的菜餚，
或是國外旅行吃過的美食，也在家自己動手做做看吧！
相信你吃的時候一定可以重溫當時的感動及回憶。」

日式炒麵

日式炒麵中有甜甜的醬汁，還有大量鮮甜的海鮮，我們國人也很喜愛。
日式炒麵在日本電影、戲劇，甚至是動畫中都經常出現，
可以說是大家都很熟悉的一道日本料理。

2
人份

材料 Ingredients

冷凍熟蝦仁 6隻
魷魚（軀幹）¼隻
蕎麥麵 80g
柴魚片 1把
大蔥 ½根
甜椒 ½顆
洋蔥 ¼顆
大阪燒醬（市售）4大匙
食用油 2大匙
鹽 少許
胡椒粉 少許

作法 How to make

① 魷魚去除內臟及外膜，淺切出菱型花紋，並切成適口大小；洋蔥和甜椒切絲；大蔥切成蔥花。

② 取一個鍋子，加水煮至沸騰，放入蕎麥麵煮熟後撈出，放入冰水中淘洗降溫後，瀝乾水分。

③ 平底鍋預熱，倒入食用油，加入熟蝦仁、魷魚、洋蔥、甜椒拌炒，再加入鹽、胡椒粉、大阪燒醬3大匙調味並攪拌均勻。

④ 食材全部炒熟後，放入蕎麥麵、大阪燒醬1大匙拌炒均勻。最後撒上柴魚片，完成。

TIP

加美乃滋一起品嘗，更加美味。

1

2

3

4

1
人份

親子丼

以雞蛋和雞肉為主材料製作的一種日式蓋飯料理。
這裡的「親」是指雞肉,「子」是指雞蛋,合起來就成為雞肉親子丼。

材料 Ingredients

白飯 1碗
雞腿肉 80g
細蔥 15g
昆布（3x5cm）1片
雞蛋 1顆
洋蔥 ¼顆
日式鰹魚醬油露 2大匙

作法 How to make

❶ 雞蛋表面洗淨；雞腿肉切成適口大小；洋蔥切絲；昆布放入½杯冷水中浸泡30分鐘,成為昆布水。

❷ 鍋中放入❶的昆布水、日式鰹魚醬油露,以大火煮至沸騰,放入❶的雞腿肉、洋蔥,轉中火繼續煮。雞蛋在碗中打散成蛋液。

❸ 雞腿肉和洋蔥都熟透後,倒入❷的蛋液,關火,蓋上鍋蓋,利用餘溫燜熟蛋液。

❹ 飯碗中盛入白飯,將❸鋪在白飯上,最後將細蔥切成蔥花撒在表面,完成享用。

1

3

4
2

TIP

想要味道更清淡,可以將雞腿肉換成雞胸肉。沒有日式鰹魚醬油露,可以用小魚昆布高湯½杯,加入清酒2大匙、醬油1½大匙、白砂糖½大匙混和後,替代日式鰹魚醬油露。

韓式黃豆芽涼拌麵

炎熱的夏天，沒有比涼拌麵更適合吃的料理了。
就用這道有爽脆的黃豆芽、微酸微辣醬汁的黃豆芽涼拌麵找回夏日遺失的食欲吧！
黃豆芽富含纖維質，有助於消化，
每100g的黃豆芽只有30kcal的熱量，即使減重時吃也沒有負擔。

材料 Ingredients

黃豆芽 100g
乾麵條 150g
雞蛋 1顆
綠紫蘇葉 2片
胡蘿蔔 ¼根
洋蔥 ¼顆
黑芝麻 少許
鹽 少許

醬汁
韓國辣椒醬 4大匙
醋 2大匙
梅汁 2大匙
白砂糖 1大匙
醬油 1大匙
蒜末 ¼大匙

作法 How to make

① 醬汁材料拌勻後，放入冰箱冷藏一天，使醬汁熟成。

② 取一個鍋子，加水和鹽煮至沸騰，放入雞蛋煮熟成水煮蛋，以冷水浸泡冷卻後，剝掉蛋殼並對切成兩半；綠紫蘇葉、胡蘿蔔、洋蔥切絲；黃豆芽摘掉根鬚，放入蒸籠中蒸2分鐘後取出，浸泡冰水降溫後，瀝乾水分，撒上少許香油和鹽調味。

③ 取一個鍋子，加水煮至沸騰，放入乾麵條煮熟後，放入冰水中淘洗降溫後，瀝乾水分。取一個調理盆，放入煮好的麵條、②的蔬菜、①的醬汁攪拌均勻。

④ 拌好的麵條盛入碗中，放上水煮蛋，並撒上黑芝麻，完成。

1

TIP

再搭配蘿蔔纓泡菜或白泡菜等口味較清爽的泡菜一起享用，更加美味。

2

3

4

2
人份

薄冰蕎麥冷麵

蕎麥麵加上蔬菜和配料，再淋上透心涼的薄冰冷麵醬汁，在炎熱的夏天享用，最解暑了。
薄冰冷麵醬汁也能在家自己做，冷麵醬汁用密封容器裝好，
放入冰箱冷凍，微微結凍形成薄冰就可以了。

材料 Ingredients

蕎麥麵 200g
高麗菜 50g
白蘿蔔 30g
細蔥 30g
蘿蔔芽菜 10g
雞蛋 1顆
洋蔥 ½顆
小黃瓜 ½根
水 2½杯
日式鰹魚醬油露 1杯
山葵醬 少許
鹽 少許

作法 How to make

① 材料中的日式鰹魚醬油露和水調勻後，裝入密封塑膠袋中，放入冰箱冷凍1小時，結凍成為漂有薄冰的冷麵醬汁。醬汁的濃淡，可以依據個人喜好調整日式鰹魚醬油露和水的比例，1：2或1：3都可以。

② 白蘿蔔用磨泥器磨成蘿蔔泥；高麗菜、洋蔥、小黃瓜切絲，浸泡冰水，使口感爽脆。

③ 取一個鍋子，加水煮至沸騰，放入蕎麥麵煮熟後，放入冰水中淘洗降溫，使麵條更有彈性，瀝乾水分。取一另個鍋子，放水、鹽、雞蛋，煮12分鐘成為水煮蛋，放入冷水中浸泡冷卻後，剝掉蛋殼。

④ 水煮蛋對切成兩半；細蔥切成蔥花；蘿蔔芽菜去根後洗淨。③的蕎麥麵盛入碗中，放上水煮蛋、蔥花、蘿蔔芽菜，再鋪上②的高麗菜、洋蔥、小黃瓜、蘿蔔泥，最後倒入①的結出薄冰的冷麵醬汁。依據個人喜好加入適量山葵醬一起享用。

1

2

3

4

需要慰藉時，
讓身體和心情都變輕盈的

療癒料理

心情很糟，或是壓力累積到快爆表的時候，美味料理可以幫你趕走壞心情。需要減重，來一盤清爽美味的沙拉；出現感冒症狀，來一碗暖呼呼的湯品；沒有食欲的時候，來一份酸甜可口的水果麵包……有什麼比健康無負擔的美食更能療癒身心呢？用新鮮的食材，為自己和親友製作療癒料理吧！用美食趕走憂鬱的壞心情，迎接幸福美好的每一天。

搭配健康沙拉的沙拉醬

① ② ③ ④

---

①
義式沙拉醬

使用橄欖油和醋製成的基本沙拉醬，適合搭配萵苣沙拉、義大利麵沙拉。

材料：橄欖油7大匙、洋蔥末3大匙、巴薩米克醋3大匙、羅勒½大匙、檸檬汁½大匙、鹽少許、胡椒粉少許

---

②
巴薩米克油醋沙拉醬

常和西餐廳的餐前麵包一起出現的佐醬，用烤好的麵包直接沾著吃就很美味。適合搭配加了番茄或起司的沙拉料理。

材料：橄欖油150ml、巴薩米克醋3½大匙、洋蔥末2/3大匙、果寡糖½大匙、蒜末⅓大匙、鹽少許、胡椒粉少許

---

③
水果優格沙拉醬

以原味優格為基底，加入奇異果、草莓、鳳梨、桃子等多樣水果的沙拉醬。酸酸甜甜的滋味，無論是大人，還是不敢吃油醋醬的小朋友都會喜歡。

材料：原味優格1杯、水果丁3大匙、果寡糖1大匙、檸檬汁¼大匙

---

④
法式沙拉醬

味道與義式沙拉醬相似，以沙拉油和醋為基底製成的沙拉醬。適合當作搭配海鮮料理的蔬菜沙拉的佐醬。

材料：沙拉油250ml、洋蔥末2大匙、醋1大匙、第戎芥末醬¼大匙、蒜末¼大匙、鹽少許、胡椒粉少許

健康的沙拉，熱量低，卻有豐富的營養素及纖維，可以當作正餐食用。
想吃美味健康的沙拉，最重要的是要了解什麼食材最適合搭配什麼沙拉醬！
市售的沙拉醬種類多元，但是含有許多添加物和防腐劑，
為自己和家人吃的沙拉自製最合適的健康沙拉醬吧！

⑤

芝麻沙拉醬

白芝麻磨碎後調製而成的沙拉醬，有濃郁的芝麻香氣。適合搭配米線沙拉、高麗菜沙拉。

材料：白芝麻100g、花生醬50g、水70ml、橄欖油50ml、檸檬汁2大匙、日式柑橘醬油2大匙、濃醬油2大匙、白砂糖½大匙

⑥

和風沙拉醬

以醬油為基底的沙拉醬。適合搭配豆腐沙拉、牛五花沙拉等東方沙拉料理。

材料：醋2½大匙、醬油2大匙、橄欖油2大匙、蒜末1大匙、檸檬汁¼大匙、胡椒粉少許、白芝麻少許

⑦

凱撒沙拉醬

搭配凱薩沙拉的沙拉醬，以美乃滋做基底。可以依據個人喜好添加鮮奶油，使口感更溫順。

材料：美乃滋500g、白酒醋1大匙、檸檬汁1大匙、新鮮荷蘭芹末1大匙、帕馬森起司粉1大匙、蒜末½大匙、酸豆末½大匙、罐頭鯷魚末½大匙、鹽少許、胡椒粉少許

⑧

千島沙拉醬

主材料為美乃滋及番茄醬，適合搭配綠色沙拉或是以蔬菜為主的沙拉料理。

材料：煮熟雞蛋1顆、美乃滋5大匙、洋蔥末3大匙、酸黃瓜末3大匙、番茄醬2大匙、檸檬汁½大匙、鹽少許、胡椒粉少許

2
人份

蝦仁螺旋麵沙拉

螺旋麵是義大利麵中的一種,外觀呈螺旋狀。
義大利麵有豐富的碳水化合物,但是缺少維生素及蛋白質,
所以這道食譜加入富含蛋白質的蝦子和富含維生素的蔬菜,製作成營養均衡的美味沙拉。

材料 Ingredients

螺旋麵 200g
冷凍熟蝦仁 10隻
嫩葉生菜 1把
小黃瓜 ½根
鹽 少許

沙拉醬
松子 6大匙
檸檬汁 3大匙
牛奶(或水)2大匙
白砂糖 2大匙
醋 2大匙
鹽 ¼大匙
胡椒粉 少許

作法 How to make

① 嫩葉生菜在流動的水中洗淨,並將小黃瓜切薄片,放入冰水中浸泡,使其口感爽脆。

② 沙拉醬材料放入食物調理機中,攪打均勻。

③ 冷凍熟蝦仁放入沸騰的水中川燙,再用冰水冰鎮後,瀝乾水分。

④ 取另一個鍋子,加水煮至沸騰,放入鹽和螺旋麵煮12分鐘。麵煮熟後,用冷開水沖洗掉表面澱粉,並瀝乾水分。

⑤ 調理盆中放入④的螺旋麵、③的蝦仁、①的蔬菜、②的沙拉醬攪拌均勻,完成。

TIP

希望味道更清爽一點,可以試試看搭配和風沙拉醬或巴薩米克油醋沙拉醬。

1

2

3

4

5

1
人份

酪梨番茄佐麵包

酪梨是金氏世界紀錄中營養最豐富的水果。
在歐洲，酪梨與麵包是很常見的早餐組合，
酪梨的口感柔順綿密，很適合搭配健康但口感扎實的歐式麵包，
加上番茄吃起來更加酸甜爽口。

材料 Ingredients

酪梨 ½顆
番茄 ½顆
法式鄉村麵包（或土司）1片
鹽 少許
胡椒粉 少許

TIP

酪梨從青綠色轉變成深紫色的時候最好吃。想要口感更滑順，可以將酪梨果肉壓成泥狀，像抹奶油一樣，將酪梨果泥塗抹在麵包上。這道料理完成時，可以撒上一些富含纖維的羅勒子或奇亞籽，不會搶走主食材的味道，而且健康又有裝飾效果。

作法  How to make

① 酪梨外皮洗淨後，切開成為兩半，去掉中央的種子，外皮用湯匙插入果皮與果肉之間，沿著果皮的弧度慢慢刮，將果肉完整取出。

② 番茄洗淨後，對切成兩半後，切薄片；酪梨果肉也切成與番茄同樣厚度的薄片。

③ 法式鄉村麵包用平底鍋乾煎，或是放入烤麵包機加熱一下，酪梨片和番茄片整齊排列在麵包上，撒上鹽和胡椒粉調味，即可食用。

1

2

3

4
人份

高麗菜沙拉

這道沙拉的英文名「Coleslaw」是從荷蘭語「Koolsla」演變而來，
意思是冷的高麗菜，是源自於荷蘭，但是在美國發揚光大的沙拉料理。
高麗菜切小丁後，加入各種蔬菜丁，與美乃滋沙拉醬一起拌勻，
搭配炸雞、披薩、漢堡等較油膩的料理一起享用，可以解油膩，
或是用土司夾起來，製作成沙拉三明治也很美味。

材料 Ingredients

高麗菜 250g
罐頭玉米粒 150g
洋蔥 ¼顆
紅甜椒 ¼顆
胡蘿蔔 ¼根
洋香菜末 少許

沙拉醬
美乃滋 5大匙
蜂蜜芥末醬 1大匙
醋 1大匙
檸檬汁 1大匙
白砂糖 ½大匙
胡椒粉 少許

作法  How to make

❶ 高麗菜、洋蔥、紅甜椒、胡蘿蔔切小丁，放入冰水中浸泡，使其清脆後，用濾網瀝乾水分。

❷ 罐頭玉米粒倒入濾網中，瀝乾水分。

❸ 沙拉醬材料拌勻備用。

❹ 調理盆中放入上述準備好的食材和沙拉醬，攪拌均勻。最後撒上洋香菜末，完成。

| TIP |

可以依據個人喜好添加蟹肉棒、火腿丁、小黃瓜等食材，變化出不同口味的高麗菜沙拉。

1

2

3

4

墨西哥沙拉

墨西哥沙拉是清爽的雞肉加上許多新鮮蔬菜組合而成的墨西哥沙拉料理，
運用冰箱中剩下的零星蔬菜就能輕鬆製作。
深夜小酌時，用墨西哥沙拉搭配冰涼啤酒也很適合。

2
人份

材料　Ingredients

雞胸肉 250g
火腿 50g
結球萵苣 5片
西洋芹 1根
小番茄 6顆
水煮蛋 1顆
洋蔥 ½顆
紅甜椒 ½顆
青椒 ½顆
胡蘿蔔 ¼根
香草鹽 少許

沙拉醬
美乃滋 6大匙
番茄醬 1大匙
檸檬汁 1大匙
醋 少許
胡椒粉 少許

作法  How to make

❶ 沙拉醬材料拌勻備用。

❷ 雞胸肉撒上香草鹽調味後，用平底鍋煎熟並靜置放涼後，切成小片。

❸ 火腿、洋蔥、胡蘿蔔切絲；紅甜椒、青椒、結球萵苣切成適口大小。

❹ 西洋芹斜切成小段；小番茄對切成兩半；水煮蛋切開，蛋黃和蛋白分開，蛋黃用果皮銼刀剉成細末，蛋白切成小塊。

❺ 所有蔬菜和蛋白漂亮地盛盤後，雞胸肉片鋪在蔬菜上面，最後撒上蛋黃細末。搭配沙拉醬一起食用。

1

2

3

4

5

起司通心麵

起司通心麵是美國的經典料理之一，在通心麵中加入滿滿起司製作而成。
熱量雖然有點高，但是一口吃進吸飽鹹香起司的通心麵，
濃濃起司就會在嘴裡爆發，絕對是吃過會時常想念的料理。

2
人份

材料　Ingredients

通心麵 200g
切達起司 150g
牛奶 1杯
奶油 1大匙
麵粉 1大匙
鹽 少許
胡椒粉 少許
洋香菜末 少許

作法　How to make

① 鍋中加水和鹽煮至沸騰，放入通心麵煮7分鐘，煮熟後瀝乾水分。

② 平底鍋預熱，放入奶油，以中火加熱融化，放入麵粉炒成糊狀後，持續攪拌，倒入牛奶煮3分鐘後，加入切達起司，煮至起司完全融化呈濃稠狀。

③ 通心麵倒入②的鍋中，加鹽和胡椒粉調味後，倒入烤箱用的器皿中。

④ 放入以180℃預熱好的烤箱，烤15分鐘，表面烤出焦香金黃色澤。最後撒上洋香菜末，完成。

TIP

可以依據個人喜好添加培根、花椰菜、洋蔥、青陽辣椒等食材，做成更美味的起司通心麵。

1

2

3

4

2
人份

綠色沙拉

綠色沙拉是以多樣的新鮮綠色蔬菜製作而成，
有豐富的維生素C、膳食纖維，對於肌膚保養及消除疲勞都有很好幫助。
爽脆的蔬菜配上酸甜的優格沙拉醬可刺激食欲，當作開胃前菜也很適合。

材料 Ingredients

嫩葉生菜 100g
皺葉萵苣 30g
結球萵苣 5片
小番茄 10顆
去籽黑橄欖 3顆
胡椒粉 少許

沙拉醬
原味優格 6大匙
美乃滋 1大匙
蜂蜜 1大匙
檸檬汁 1大匙
鹽 少許

作法 How to make

① 沙拉醬材料拌勻備用。

② 去籽黑橄欖切成圈狀；小番茄對切成兩半。

③ 結球萵苣和皺葉萵苣切成適口大小，與嫩葉生菜一起放入冰水中浸泡，使口感爽脆後，瀝乾水分。所有蔬果漂亮地擺入盤中，淋上調好的優格沙拉醬，即可食用。

TIP

綠色沙拉加上烤雞胸肉或烤牛肉片，可以當作主食，若加入水果或果凍，還可以變化成點心。依據個人喜好加入各種起司也很美味。

1

2

3

牛肉義大利麵沙拉

涼拌著吃的義大利麵沙拉，
有涼爽有嚼勁的義大利麵和酸酸甜甜的醬汁，非常適合夏天享用。
這道料理加入牛肉，可以補充蛋白質，是營養均衡又美味的健康料理。

2
人份

材料 Ingredients

牛肉片（燒烤用）200g
義大利麵 200g
結球萵苣 100g
小番茄 5顆
洋蔥 ¼顆
食用油 2大匙
鹽 ½大匙

醃料

濃醬油 3大匙
白砂糖 1½大匙
香油 1大匙
蒜末 ½大匙
洋蔥末 ½大匙
胡椒粉 少許

沙拉醬

醬油 4大匙
醋 1大匙
白砂糖 1大匙
芝麻鹽 1大匙
香油 ½大匙
檸檬汁 少許

作法  How to make

① 牛肉片切成適口大小後，加入醃料材料一起拌勻，靜置1小時，醃漬入味。

② 小番茄洗淨後，對切成兩半；結球萵苣洗淨後，切成適口大小；洋蔥切絲後，放入冰水中浸泡，去除辛辣味。

③ 沙拉醬材料拌勻備用。沙拉醬材料也可以替換成和風沙拉醬5大匙。

④ 平底鍋預熱，倒入食用油，放入①的牛肉片，煎至表面焦香金黃。

⑤ 煮一鍋水至沸騰，放入義大利麵和鹽，煮8分鐘。義大利麵煮熟後，放入冷開水中搓洗降溫，並瀝乾水分。

⑥ 調理盆中放入⑤的義大利麵、②的蔬菜、③的沙拉醬拌勻，再放入④的牛肉片，完成享用。

TIP

用手抓義大利麵時，食指指間扣到大拇指的第一個指節，圈起來的義大利麵即是1人份的份量。

1

2

3

4

5

6

2
人份

希臘沙拉

希臘沙拉在希臘稱為鄉村沙拉（horiatiki salata），是希臘夏季常吃的傳統沙拉料理。
新鮮的蔬菜很適合搭配酸香的希臘菲達起司一起食用，爽口又豐富的口感令人回味無窮。

材料 Ingredients

去籽黑橄欖 10粒
番茄 2顆
小黃瓜 1根
黃甜椒 ½顆
紅甜椒 ½顆
菲達起司 適量
奧勒岡葉末 少許

沙拉醬
橄欖油 4大匙
白酒醋 2大匙
檸檬汁 1大匙
鹽 少許
胡椒粉 少許

作法 How to make

❶ 小黃瓜、黃甜椒、紅甜椒、番茄全部切成小丁；去籽黑橄欖對切成兩半。

❷ 沙拉醬材料拌勻備用。

❸ 調理盆中放入❶的食材，並依個人喜好加入適量的菲達起司，再加入調好的沙拉醬攪拌均勻。最後撒上奧勒岡葉末，完成。

TIP

沙拉醬的橄欖味道太濃的話，可以再加入果寡糖2大匙調合後使用。菲達起司太鹹的話，將菲達起司放入牛奶中浸泡30分鐘後再使用，可以降低鹹度。奧勒岡葉是地中海料理使用廣泛的香料，帶有些微薄荷香氣。

1

2

3

失去幹勁的時候，

為自己做些料理吧！

相信料理能讓你找回失去的活力！

2
人份

匈牙利燉牛肉

匈牙利燉牛肉（Goulash）是匈牙利的傳統料理，用牛肉與蔬菜製作而成的燉菜。
微辣又順口是許多旅客到匈牙利旅遊時都指定要吃的菜餚。
燉牛肉的湯汁還可以搭配烤好的麵包沾著吃，當作家庭聚會的菜色也毫不遜色。

材料 Ingredients

牛腰里肌 225g
蘑菇 150g
馬鈴薯 2顆
牛湯塊 1塊
胡蘿蔔 ½根
洋蔥 ½顆
紅甜椒 ½顆
水 3杯
匈牙利紅椒粉 2大匙
蒜末 1大匙
食用油 1大匙
麵粉 ½大匙
義大利麵紅醬（市售）½大匙
鹽 少許
洋香菜末 少許

作法 How to make

① 牛肉切成小塊；蘑菇切薄片；洋蔥、紅甜椒切丁；胡蘿蔔、馬鈴薯切塊後，邊角削成圓弧狀。

② 平底鍋預熱，倒入食用油，放入①的蔬菜、蒜末、鹽，以中火拌炒15分鐘後，炒過的蔬菜用碗先裝起來。

③ 炒蔬菜的平底鍋不要洗，直接放入①的牛肉炒至表面微熟後，放入麵粉和匈牙利紅椒粉，拌炒1分鐘。

④ 加入②的蔬菜、義大利麵紅醬拌炒一下，加入牛湯塊和水煮至沸騰後，轉小火燉煮1小時。起鍋後，撒上洋香菜粉，上桌享用。

TIP

沒有牛湯塊時，可以自製牛腩牛腱高湯（做法參見P.32）替代。

1

2

3

4

2
___
人份

蛤蜊巧達濃湯

蛤蜊巧達濃湯是美國代表性湯品之一，使用大量貝類海鮮和蔬菜熬煮而成。
蛤蜊濃湯配上微鹹的小餅乾，讓餅乾吸附濃湯之後美味更加倍。

材料 Ingredients

蛤蜊肉 100g
培根 3片
蒜頭 2瓣
馬鈴薯 1顆
西洋芹 1根
洋蔥 ½顆
牛奶 1杯
鮮奶油 1杯
麵粉 1大匙
橄欖油 2大匙
鹽 少許
胡椒粉 少許

作法 How to make

① 培根切成適口大小；馬鈴薯切小方塊；洋蔥、西洋芹切丁；蒜頭切片。

② 鍋子或平底鍋中倒入橄欖油，放入蒜片炒出香氣後，放入培根和馬鈴薯一起拌炒。

③ 馬鈴薯顏色變透明後，先放入洋蔥和西洋芹拌炒，再放入麵粉拌炒至濃稠狀。倒入牛奶和鮮奶油拌勻，並加入鹽和胡椒粉調味。

④ 開始沸騰冒泡時，放入蛤蜊肉，繼續煮至濃湯變濃稠，完成食用。

[TIP]

買小型歐式麵包，麵包中心挖空後，盛裝煮好的蛤蜊巧達濃湯，就變成蛤蜊巧達濃湯麵包盅了。

1

2

3

4

2
人份

蟹肉湯

寒冷的冬天或是感冒的時候,最適合喝清甜滑順的蟹肉湯了。
喝下一碗暖呼呼又順口的蟹肉湯,感覺從胃到四肢都被溫暖了。

材料 Ingredients

蟹肉 30g
大蔥 ½根
金針菇 ½包
蛋白 1顆
雞湯塊 1塊
太白粉 1大匙
鹽 少許
胡椒粉 少許

作法 How to make

① 金針菇切去根部後,撕成細絲;蟹肉撕成細絲;大蔥剖開成兩半後,切成細絲;雞蛋打破,只取蛋白。

② 鍋中放入雞湯塊和水2½杯,加熱至沸騰後,放入①的金針菇、蟹肉、大蔥一起煮。

③ 太白粉和水以1:1的比例調和成太白粉水。②的湯加熱至沸騰後,加鹽和胡椒粉調味,倒入太白粉水1大匙勾芡成濃稠狀。

④ 蛋白打散後,慢慢倒入蟹肉湯中,再沸煮一下,完成。

TIP

加入一碗白飯,飯粒煮至軟爛,就是一碗營養滿分的蟹肉粥了。沒有雞湯塊時,可以自製雞高湯(做法參見P.33)替代。

1

2

3

4

2
人份

蒜香白酒淡菜

微辣爽口的淡菜是冬天很適合吃的一道料理，
還可以買一些法國麵包切片，沾著淡菜湯汁一起吃。
淡菜具有絕妙的海鮮鮮味，可以直接蒸了吃，也常當作天然調味料做成各式料理。

材料 Ingredients

淡菜 700g
蒜頭 2瓣
大蔥 ½根
月桂葉 1片
小番茄 5顆
義大利乾辣椒 3根
洋蔥 ¼顆
水 1½杯
白葡萄酒 2大匙
橄欖油 1大匙
鹽 少許
胡椒粉 少許

作法 How to make

① 淡菜在流動的水中刷洗一遍後，刮除附著在外殼上的藻類或藤壺，並拔除足絲。

② 大蔥斜切成橢圓形圈狀；蒜頭切片；洋蔥切成碎末；小番茄切小丁。

③ 平底鍋預熱，倒入橄欖油，放入蒜片，以中火炒香後，放入洋蔥、大蔥拌炒，再放入淡菜、小番茄、白葡萄酒、義大利乾辣椒一起拌炒。

④ 淡菜殼張開煮熟時，放入水、月桂葉再沸煮一下，最後加鹽和胡椒粉調味，即可享用。

[TIP]

小番茄和水可以用1:1比例替換成等量的鮮奶油和牛奶，變化成奶油白酒淡菜。

3

4

1

2

優閒的時光，
享受咖啡館style的

早午餐

結束疲憊的上班日後，週末休假日可以說是黃金般的珍貴時光。比起一大早起床讓自己過得很充實，大部分的人週末更想在被窩裡一直賴著不起床吧！優閒的週末早晨，睡晚一點才起床，為自己做一份早午餐，犒賞空蕩蕩的胃吧！再配上一杯香醇微苦的咖啡或是新鮮清爽的水果飲品就更棒了。早午餐也可以在下午吃，在家裡就能享受咖啡館的閒適氛圍。

<INTRO>

和早午餐一起享用的飲品

咖啡

近幾年，沖煮咖啡的器具愈來愈普及，器具的種類也愈來愈多元，在家裡自己現磨、現沖咖啡，或是自製冰滴咖啡都非常簡單了。一般的手沖咖啡要準備手沖壺、濾杯、濾紙等許多器具，步驟也較繁複，如果覺得很麻煩，可以選購其他簡易的咖啡沖泡器具。法式咖啡濾壓壺就是不錯的選擇，不只沖泡咖啡很簡便，也方便攜帶。使用法式濾壓壺沖泡，先將咖啡豆研磨成粉，倒入法式濾壓壺，加入與咖啡粉等量的熱水，燜蒸30秒，再加熱水至預計沖泡的量，攪拌一下，浸泡3分鐘後，壓下壓桿，使濾片向下擠壓咖啡粉，就能輕易分離出沖泡好的咖啡了。

早午餐不可或缺的良伴就是飲品。
親自手沖一杯咖啡或是自製一杯水果飲品吧！
一杯飲料就能讓早午餐的餐桌更加豐盛。

特調飲料

有空的時候，自製一些糖漬萊姆、糖漬葡萄柚、糖漬檸檬，調製飲料會變得更簡便。在汽水中加入自製的糖漬水果攪拌一下，就能完成一杯好喝的特調飲料，想要更冰涼可以再加些冰塊。汽水加糖漬葡萄柚調和好後，摘幾片薄荷葉用手稍微搓揉一下，放入杯中，就是一杯無酒精版的Mojito調酒了。

茶

世界知名的茶葉品牌有TWG、TWININGS、Whittard of Chelsea、Ronnefeldt、NINA'S Paris、Dilmah等，每個品牌和旗下的茶葉種類都各有特殊香氣及風味，可以多方嘗試看看，找出自己最喜歡的茶。購買散裝茶葉的話，必須準備茶壺、茶杯、茶匙、茶濾等泡茶工具才能充分體會泡茶的樂趣。如果沒有這些專業的茶具，可以選購茶包類的商品，一樣可以享受喝茶的閒適。茶包也有很多種類，除了綠茶以外，還有薰衣草茶、瑪黛茶、南非國寶茶、大吉嶺紅茶、阿薩姆紅茶、烏龍茶等許多種類可以選擇。

西班牙烘蛋

熱呼呼的西班牙烘蛋,厚實中帶著軟嫩的口感,
五顏六色的蔬菜加上金黃的雞蛋,光看就很美味。
西班牙烘蛋的材料很簡單,只需要雞蛋和一些零星的蔬菜就能製作,
無論是當早午餐,還是當點心都很適合。

2
人份

材料 Ingredients

培根 2片
雞蛋 6顆
小番茄 5顆
馬鈴薯 1顆
洋蔥 ½顆
青椒 ½顆
食用油 2大匙
鹽 少許
胡椒粉 少許

作法 How to make

① 馬鈴薯削皮，切薄片；洋蔥、青椒切絲；小番茄對切成兩半。

② 培根切成適口大小後，煎至焦香酥脆。

③ 平底鍋預熱，倒入食用油，放入馬鈴薯煎至顏色開始變透明，放入洋蔥，炒至微軟金黃。

④ 馬鈴薯和洋蔥都熟透時，放入培根、青椒、小番茄拌炒一下，盛入烤箱用器皿內。雞蛋打散後，倒入裝有炒過的蔬菜的烤箱用器皿內，撒上鹽和胡椒粉調味。放入以150℃預熱好的烤箱，烤30分鐘。

[TIP]

運用冰箱內剩餘的零星食材，製作屬於自己的西班牙烘蛋吧！可以依據個人喜好添加帕馬森起司焗烤，或是搭配各種醬汁一起享用。若沒有烤箱，可以直接用平底鍋，蓋上鍋蓋，以中小火慢慢煎至烘蛋變熟。

1

2

3

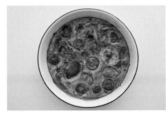

4

The Best Day for Cooking

番茄普切塔

普切塔是義大利開胃菜。
這道番茄普切塔能吃到新鮮酸甜的番茄，多做幾片當早午餐享用，既清爽又能飽足。
做法很簡單，無論是誰都能輕鬆完成。

材料 Ingredients

番茄 1顆
法國麵包 ¼條
橄欖油 2½大匙
洋蔥末 1大匙
檸檬汁 ½大匙
鹽 少許
洋香菜末 少許
胡椒粉 少許

作法 How to make

❶ 法國麵包斜切成厚1cm的片狀，淋上橄欖油1大匙，並撒上洋香菜末，用平底鍋乾煎至兩面金黃酥脆。

❷ 番茄切成小丁後，加入橄欖油1½大匙、洋蔥末、檸檬汁拌勻，再加入鹽和胡椒粉調味。

❸ 用湯匙將❷的番茄漂亮地鋪在❶的法國麵包片上，完成。

1

2

3

TIP

普切塔上的鋪料不只能用番茄，還可以改用炒過的菇類、炒熟的蝦仁等食材，製作成不同口味的普切塔。

2
人份

魷魚沙拉

肚子很餓，只吃沙拉不會飽的時候，多煎一隻魷魚一起吃吧！
有嚼勁的魷魚，非常適合搭配色彩鮮豔又爽脆的蔬菜沙拉，
不僅比單吃蔬菜沙拉更飽足，也能品嘗到魷魚越咀嚼越鮮甜的滋味。

材料 Ingredients

魷魚 1隻
結球萵苣 6片
番茄 1顆
洋蔥 ¼顆
食用油 2大匙
奶油 1大匙
白砂糖 ½大匙
鹽 少許
胡椒粉 少許

沙拉醬
醋 4大匙
橄欖油 1大匙
白砂糖 1大匙
蒜末 ¼大匙
羅勒葉末 少許
鹽 少許
胡椒粉 少許

作法 How to make

① 魷魚的軀幹和腳分離，並去除內臟後，清洗乾淨，魷魚軀幹的單面切出橫條深紋。

② 番茄切大丁；結球萵苣切成小片；洋蔥切成碎末後，浸泡冰水，去除辛辣味；沙拉醬材料拌勻後，與處理好的蔬果一起放入調理盆中攪拌均勻。

③ 平底鍋預熱，倒入食用油，放入魷魚軀幹和魷魚腳，以中火慢慢煎。魷魚快熟透時，加入奶油、白砂糖、鹽、胡椒粉，繼續煎至奶油完全融化。

④ 與沙拉醬拌勻的蔬果盛入盤中，再放上煎好的魷魚，完成享用。

1

2

3

4

4
人份

義式涼拌小番茄

搭配法國麵包一起享用，就是一頓飽足的早午餐，很適合在週末早晨優閒品嘗。
這道菜配上紅酒和起司，也可以當作家裡舉辦派對或聚餐時的小點心。

材料 Ingredients

小番茄 25顆
洋蔥 ¼顆
月桂葉 2片
洋香菜末 少許

醬汁
橄欖油 3大匙
巴薩米克醋 2大匙
檸檬汁 1大匙
白砂糖 少許
鹽 少許
胡椒粉 少許

作法 How to make

① 洋蔥切小丁後，以冰水浸泡30分鐘，去除辛辣味。

② 在小番茄表皮輕輕切出十字紋路，放入沸騰的水中川燙10秒後取出，剝去小番茄外皮。

③ 調理盆中放入①的洋蔥、②的小番茄、醬汁材料、月桂葉、洋香菜末，攪拌均勻，放入冰箱冷藏1小時，醃漬入味。

1

2

3

1
人份

核桃杏仁法式土司

這道料理有核桃和杏仁、香甜的香蕉，以及熱呼呼又軟嫩的法式土司，
最後再搭配楓糖或蜂蜜，盛盤時稍微裝飾一下，就是一道美味又吸睛的早午餐。
搭配一杯香醇微苦的咖啡，絕對是享受優閒早午餐時光的不二選擇。

材料 Ingredients

土司 2片
杏仁 20g
核桃 20g
香蕉 1根
雞蛋 1顆
食用油 2大匙
楓糖（或蜂蜜）適量
鹽 少許
白砂糖 少許
洋香菜末 少許

作法 How to make

❶ 調理盆中打入雞蛋，並放入洋香菜末、鹽、白砂糖打散成蛋液。土司浸泡在蛋液中，兩面都均勻吸附蛋液。平底鍋預熱，倒入食用油，放入浸泡過蛋液的土司，煎至兩面焦香金黃。

❷ 核桃和杏仁稍微切碎；香蕉直切成兩半並剝掉外皮。

❸ ❶的土司、❷的核桃和杏仁、香蕉擺入盤中，淋上蜂蜜，即可上桌享用。

TIP
還可以挖一球冰淇淋放在土司上一起享用。

1

2

3

班尼迪克蛋佐荷蘭醬

半熟的水波蛋放在英式馬芬上，淋上滑順的荷蘭醬，
就是班尼迪克蛋，也是美國代表性的早午餐。
水波蛋搭配不同食材，料理名稱也會改變，例如：
搭配醃燻鮭魚稱為海明威蛋（eggs hemingway）或班傑明蛋（eggs benjamin），
搭配培根和番茄則稱為布雷克斯通蛋（eggs blackstone）。

2
人份

材料 Ingredients

菠菜 1把
英式馬芬 2個
雞蛋 2顆
培根 4片
醋 3大匙
橄欖油 2大匙
奶油 2大匙
鹽 少許
胡椒粉 少許

荷蘭醬
奶油 100g
蛋黃 2顆
白葡萄酒 5大匙
檸檬汁 ½大匙
橄欖油 ⅓大匙
鹽 少許

作法 How to make

❶ 平底鍋預熱，倒入橄欖油，放入菠菜炒至斷生且變軟，盛盤備用。

❷ 培根撒上胡椒粉，放入平底鍋中，煎至焦香金黃，盛盤備用。

❸ 英式馬芬抹上奶油後，取一個平底鍋預熱後，放入英式馬芬，將兩面都煎過，充分加熱後，橫剖成兩半。

❹ 雞蛋分別打入碗中備用。取一個鍋子，放入水和醋加熱，水沸騰時，用湯匙順時針攪動鍋中的水，製造出漩渦，雞蛋倒入漩渦中央，利用漩渦使水波蛋形成漂亮的圓形，煮至半熟。

❺ 盤中放入英式馬芬，再依序放上培根、菠菜、水波蛋，淋上荷蘭醬，完成。

1

2

3

4

5

製作荷蘭醬

❶ 調理盆中放入蛋黃、橄欖油、檸檬汁、白葡萄酒、鹽，用打蛋器將蛋黃液攪打拌勻。

❷ 奶油隔水加熱融化後，以少量多次的方式慢慢加入❶的調理盆中，並同時用打蛋器持續攪拌，完成顏色淺黃且滑順的荷蘭醬。

1   2

4
——
人份

蝦仁塔可

近幾年，墨西哥菜也成為頗受歡迎的異國料理。
其中「塔可」可以說是受到最多人喜愛，也最具代表性的墨西哥菜了。
做法看似困難，但是只要材料準備好，在家也能輕鬆製作好吃的墨西哥塔可。

材料 Ingredients

蝦子 200g
結球萵苣 6片
墨西哥薄餅 4片
芒果 1顆
墨西哥香料粉 3大匙

莎莎醬
酪梨 1顆
番茄 ½顆
洋蔥 ¼顆
白砂糖 1大匙
檸檬汁 1大匙
鹽 少許
胡椒粉 少許
洋香菜末 少許

作法 How to make

❶ 製作莎莎醬，酪梨、番茄、洋蔥切丁後，加入檸檬汁、白砂糖、胡椒粉、鹽、洋香菜末一起拌勻。

❷ 蝦子洗淨並剝殼後，撒上墨西哥香料粉調味；結球萵苣切成小片；芒果去籽並切成小丁。

❸ 蝦仁用平底鍋煎熟。

❹ 墨西哥薄餅用平底鍋乾煎至焦香後，依序鋪入結球萵苣、莎莎醬、芒果、蝦仁，完成享用。

1

2

3

4

[TIP]

墨西哥香料是墨西哥菜很常使用的調味料，雞肉、牛肉、蝦子等食材都可以使用。蝦子也可以改用牛肉或雞肉替代，牛肉或雞肉用墨西哥香料醃漬後，放入烤箱烤熟即可。芒果可以用家裡現有的水果替代。

1
人份

泡菜布瑞托

布瑞托也是用墨西哥薄餅製作的料理，布瑞托與塔可最大的差異在於形狀，
塔可是將餅對折直接吃，布瑞托則是將食材捲起來吃。
這份布瑞托食譜其實算是無國界料理，不放墨西哥菜常用的牛肉或雞肉，
改成包入韓國泡菜炒飯，變成韓式墨西哥布瑞托。

材料 Ingredients

墨西哥薄餅 2片
白飯 ⅓碗
韓國泡菜 50g
莫札瑞拉起司 10g
罐頭鮪魚½罐
白砂糖 ¼大匙
濃醬油 ¼大匙
韓國辣椒醬 ½大匙
食用油 ½大匙

作法 How to make

❶ 韓國泡菜切小丁後，加入白砂糖、韓國辣椒醬拌勻。

❷ 平底鍋預熱，倒入食用油，放入❶的泡菜，以中火炒出
香氣後，加入罐頭鮪魚拌炒一下，倒入白飯一起拌炒
均勻，並炒乾水分。

❸ 墨西哥薄餅中鋪入❷炒好的泡菜炒飯，再撒上莫札瑞拉
起司，薄餅左右兩邊向內折後，再由下往上捲成圓筒
狀。捲好後，餅皮表面用刀子劃幾道刀痕。

❹ 平底鍋預熱，放上❸的捲餅，用小火乾煎一下表面，直
到餅皮出現焦香金黃的色澤。

TIP

除了泡菜炒飯外，還可以替換
成其他口味的炒飯和起司，變
換成不同口味的炒飯布瑞托。

1

2

3

4

4
人份

奶油煎迷你馬鈴薯

充滿奶油香的迷你馬鈴薯，配上煎得焦香酥脆的培根就是一道非常飽足的早午餐。
迷你馬鈴薯可以幫助身體代謝多餘的鉀和鈉，熱量也很低，
稍微多吃一點也不會造成身體負擔。

材料 Ingredients

迷你馬鈴薯 500g
培根 3片
奶油 2大匙
白砂糖 1大匙
鹽 ⅓大匙

作法  How to make

❶ 迷你馬鈴薯外皮刷洗乾淨，放入鍋中，加水煮熟。

❷ 培根切成長5cm的小段，取一個平底鍋預熱，放入培根，乾煎至焦黃酥脆。

❸ 在❷的平底鍋中放入❶的迷你馬鈴薯、奶油、白砂糖、鹽，慢煎馬鈴薯至表面焦香金黃，完成。

TIP

還可以撒上菠菜嫩葉，並搭配和風沙拉醬一起享用，不僅增加料理的色彩，味道也更豐富。

1

3

2
人份

菠菜蘑菇歐姆蛋

菠菜蘑菇歐姆蛋是國外早午餐咖啡館最有人氣的菜色之一。
菠菜有豐富的維生素A、膳食纖維、葉酸，
再加上能幫助消化的蘑菇，組合成這道營養滿分的健康料理。
空腹一個晚上後吃的第一份食物，最重要的就是營養而且好消化，
沒有比這道料理更適和的早午餐了！

材料 Ingredients

菠菜 50g
蘑菇 50g
帕馬森起司 10g
洋香菜末 10g
雞蛋 2顆
水 2大匙
食用油 1大匙
鹽 少許
胡椒粉 少許

作法 How to make

① 雞蛋、水、鹽、胡椒粉一起打散成蛋液。

② 菠菜洗淨後瀝乾，切掉根部；蘑菇切成4等份。

③ 以中火預熱平底鍋後，倒入食用油，放入蘑菇炒1分鐘，再放入菠菜炒至斷生變軟後，起鍋備用。

④ 取另一個平底鍋預熱，倒入①的蛋液，煎至底部⅓變熟時，鋪入③的蔬菜，再撒上帕馬森起司和洋香菜末。蛋皮對折成半月型，繼續煎至內部蛋液全熟，即可享用。

1

2

3

4

用新鮮的食材做菜，
連心情都會變得很愉快。
尋找好食材製作美味的料理吧！
一整天的心情都會很愉悅。

2
人份

蔓越莓鮪魚三明治

罐頭鮪魚有深海魚類富含的DHA，
可以用來製作孩子的點心、露營餐點、小菜，用途廣泛。
試試加入酸酸甜甜的蔓越莓，製作成不一樣的鮪魚三明治吧！
清爽又飽足，就算是上班忙碌的時候，簡單製作就能果腹。

材料 Ingredients

蔓越莓乾 15g
結球萵苣 6片
土司 4片
罐頭鮪魚 1罐
酸黃瓜 4片
番茄 ½顆
洋蔥⅓顆
美乃滋 3大匙
黃芥末醬 少許
胡椒粉 少許

作法 How to make

① 罐頭鮪魚瀝掉油和湯汁；酸黃瓜擰乾湯汁後，切成細末；洋蔥切成細末。

② 調理盆中放入①的食材、蔓越莓乾、美乃滋、胡椒粉拌勻。

③ 土司用平底鍋或烤麵包機烤成兩面金黃；結球萵苣撕成跟土司差不多的大小；番茄切片。取一片烤好的土司，塗抹一層薄薄的黃芥末醬後，依序放上萵苣、番茄，再鋪滿②的鮪魚餡，最後蓋上一片土司，完成。

TIP

冰箱中若有剩下的甜椒、蘋果等食材，也可以切成小丁拌入鮪魚餡中，做成更豐盛的三明治。

1

2

3

Part

6

特別的日子，
感動人心的

聚會餐點

家庭聚會的日子快到了，怎麼辦？可以簡單訂一些外送餐點，但是偶爾也試試看自己下廚展現一下廚藝吧！別因為覺得麻煩就直接打消自己下廚的念頭，其實有很多聚會餐點的材料簡單，做法也不麻煩，試著挑戰看看吧！用心準備的聚會料理，客人吃了更能感受到主人的滿滿心意。還可再準備一些聚餐適合的酒類和飲料，讓氣氛更熱絡，賓主盡歡。

使氣氛和美食更加分的葡萄酒

適量的酒可以助興，使聚會的氣氛變得更活絡熱鬧。葡萄酒不只是助興的飲品，也很適合搭配料理一起享用。葡萄酒在過去是很高級昂貴的進口酒類，但是近幾年喝葡萄酒的人愈來愈多，葡萄酒愈來愈普及，在大賣場或便利商店也都買得到平價葡萄酒。葡萄酒大致分為以下4大類。

白葡萄酒

除了飲用之外，也常用來製作蛋糕和甜點的葡萄酒。白葡萄酒帶有些微甜味，非常適合搭配披薩、義大利麵、起司、甜點等食用。味道清雅的白葡萄酒搭配海鮮料理一起吃，還有去除海鮮腥味的效果。

紅葡萄酒

適合搭配肉類料理一起享用的葡萄酒。不甜的紅葡萄酒最適合搭配牛排料理。微甜的紅葡萄酒則適合搭配雞肉或豬肉料理。

桃紅葡萄酒

粉紅色的葡萄酒，又稱為玫瑰紅酒，味道近似於白葡萄酒，因此白葡萄酒適合搭配的海鮮料理、甜點，也都可以搭配桃紅葡萄酒一起享用。

氣泡葡萄酒

氣泡酒是在葡萄液中加入糖分和酵母，使其產生二氧化碳，製作成有氣泡的葡萄酒。味道較甜，口感類似汽水，所以是許多女性喜歡的酒種。主要當作開胃菜搭配的酒款，也可以當作雞尾酒的基酒。

韓式燉牛小排

韓式燉牛小排是韓國宴客時不能缺少的一道菜餚。
牛小排燉到軟嫩入味，無論男女老少都非常喜歡，
喬遷、週歲宴、生日等紀念日宴客時都很適合準備這道料理。
搭配紅酒一起享用更加美味，也能營造出舉杯同歡的氣氛。

4
人份

材料 Ingredients

牛小排 1kg
紅棗 10粒
鮮香菇 5朵
胡蘿蔔 1根
洋蔥 1顆
大蔥 1根

醃料
大蒜 4瓣
大蔥 ½根
洋蔥 ½顆
奇異果 ½顆
水梨 ¼顆
醬油 2杯
白砂糖 1杯
香油 5大匙
胡椒粉 少許

作法 How to make

① 牛小排放入冷水中浸泡4〜5小時,排出血水。

② 胡蘿蔔切大塊後,邊角修飾成圓弧狀,避免燉煮時碰撞使邊角破碎;鮮香菇去蒂後,刻出十字花紋;洋蔥切成適口大小;大蔥斜切成橢圓形圈狀;紅棗清洗乾淨。

③ 醃料材料放入食物調理機中打成泥。

④ 牛小排放入熱水中煮15分鐘,期間撈掉浮沫。取出牛小排,並將煮牛小排的水留下1杯備用。③的醃料與牛小排拌勻,放入冰箱冷藏4小時,醃漬入味。

⑤ ④醃漬好的牛小排和煮牛小排的水1杯放入鍋中,以中火燉煮40分鐘後,放入②的胡蘿蔔,維持中火煮20分鐘,最後放入②的洋蔥、鮮香菇、紅棗、大蔥,轉小火再煮10分鐘,完成。

1

2

3

4

5

法式紅酒燉雞

法式紅酒燉雞是非常經典的法國菜，使用雞肉和大量蔬菜，並加入紅酒一起燉煮。
這道料理很適合冬天吃，所以也非常適合當作跨年聚會的菜餚。
豐富的食材一起燉煮，一鍋就能吃到各種食材的營養素，還可以當作補充營養的健康料理。

$$\frac{2}{\text{人份}}$$

材料　Ingredients

雞肉塊（燉菜用）1隻
培根 3片
蘑菇 10朵
胡蘿蔔 1根
洋蔥 1顆
雞湯塊 1塊
月桂葉 1片
紅葡萄酒 1瓶
水 ⅔杯
清酒 3大匙
橄欖油 2大匙
麵粉 1½大匙
蒜末 1大匙
奶油 1大匙
鹽 少許
胡椒粉 少許

作法  How to make

❶ 培根、洋蔥切成適口大小；胡蘿蔔切大塊後，邊角修飾成圓弧狀；蘑菇切成4等份。

❷ 雞肉塊洗淨，放入調理盆中，加入清酒、鹽、胡椒粉，靜置30分鐘。

❸ 平底鍋預熱，倒入橄欖油1大匙，放入培根，以中火煎至焦香酥脆後，取出備用。直接用鍋內培根煸出的油脂煎❷的雞肉，所有雞肉表面煎出金黃色澤。

❹ 燉鍋中倒入橄欖油1大匙，再放入❶的胡蘿蔔、洋蔥，以中火拌炒5分鐘後，放入蒜末拌炒1分鐘，再放入❸的雞肉和培根，以及月桂葉、雞湯塊，倒入紅酒直到淹過食材，以中火燉煮40分鐘。

❺ 雞肉都燉熟後，加入放在常溫中軟化的奶油、麵粉與鍋中食材一起拌勻後，放入❶的蘑菇，以小火再煨煮15分鐘，大功告成。

1

2

3

4

5

西班牙香蒜辣蝦

在西班牙，吃飯前都會喝點小酒，搭配餐前酒一起吃的前菜稱為Tapas。
這道香蒜辣蝦就是西班牙Tapas的一種，用大蒜和橄欖油煎炸而成。
當作聚會開始前的點心，告訴大家聚會即將開始。

材料 Ingredients

蝦子 10隻
義大利乾辣椒 5根
大蒜 4瓣
橄欖油 ½杯
鹽 少許
胡椒粉 少許

作法 How to make

❶ 蝦子剝殼後，去除腸泥，用廚房紙巾擦乾水分，撒上鹽和胡椒粉調味；大蒜切片。

❷ 平底鍋中放入橄欖油燒熱後，放入大蒜和義大利乾辣椒，煸出香氣。

❸ 大蒜變成金黃色後，放入❶的蝦仁煎熟。蝦仁熟透後，撒上鹽調味，完成。

1

2

3

在家裡招待至親好友時，
邀請大家一起合力製作好吃的料理並布置餐桌吧！
聚會一定會變得更有趣！

4
人份

經典義大利冷麵沙拉

用最經典的義大利麵材料──義大利麵、番茄、橄欖、臘腸製作而成的沙拉料理。
這道冷麵沙拉不使用細長的義大利麵,改用更方便食用的螺旋麵。
依據個人喜好添加生菜,可以增加料理的份量,也兼顧營養和飽足感。

材料 Ingredients

螺旋麵 120g
莫札瑞拉起司 50g
義大利臘腸（切片）
50g
小番茄 10顆
去籽黑橄欖 10粒
義式沙拉醬 4大匙
鹽 ½大匙
白砂糖 ¼大匙

作法 How to make

❶ 小番茄對切成兩半;臘腸片對切成半圓型;去籽黑橄欖切成圈狀。

❷ 煮一鍋熱水,加入鹽和螺旋麵煮10分鐘,將麵煮成「義式彈牙」的口感後撈出,以冷水淘洗一下,瀝乾水分。

❸ 莫札瑞拉起司用手撕成小塊,放入調理盆中,再放入螺旋麵、小番茄、臘腸片、黑橄欖,最後加入義式沙拉醬和白砂糖,攪拌均勻,完成享用。

[TIP]

義式彈牙（Al Dente)是指麵不軟爛,彈牙、有嚼勁的狀態。道地的義大利麵熟度要中心有點硬,才算是義式彈牙的口感。義式沙拉醬的做法請參見P.166,也可以使用市售的沙拉醬替代。

1

2

3

1
人份

自製牛肉漢堡

自己製作健康又美味的漢堡吧！
自製牛肉漢堡排飽滿厚實又有豐富的肉汁，配上新鮮的蔬菜，令人吃完還會吮指回味。
這道漢堡再配上紅酒或啤酒，就能舉辦一場簡單的家庭聚會了。

材料 Ingredients

牛絞肉 100g
培根 2片
切達起司片 1片
酸黃瓜片 6片
漢堡麵包 1個
洋蔥 ½顆
番茄 ¼顆
橄欖油 2大匙
奶油 1大匙
美乃滋 1大匙
美式BBQ烤肉醬 1大匙

醃料

清酒 ½大匙
鹽 ¼大匙
蒜末 ½大匙
胡椒粉 少許

作法 How to make

❶ 調理盆中放入牛絞肉和醃料拌勻後，摔打出筋性，並塑形成比漢堡麵包再稍微大一點的圓餅狀。

❷ 番茄切成有點厚度的圓片；洋蔥切絲後，取一個平底鍋加熱，放入奶油，再放入洋蔥炒成金黃色後，取出備用。

❸ 漢堡麵包橫剖成兩半後，用剛剛煎過洋蔥的平底鍋將內面煎一下。

❹ 平底鍋預熱，倒入橄欖油，放入❶的牛肉漢堡排，以中火煎至兩面焦香金黃，放入培根煎至焦香酥脆。

❺ 下層漢堡麵包的內面塗抹美乃滋，再依序放上牛肉漢堡排、美式BBQ烤肉醬、炒過的洋蔥、切達起司片、酸黃瓜片、番茄、培根、上層漢堡麵包，即可上桌享用。

1

2

3

4

5

4
人份

美式肉餅

肉餅是將絞肉塑形成土司形狀後烘烤而成的美式料理。
看似難度很高，其實作法意外地簡單。
舉辦家庭聚會的時候，做做看這道菜，豐富你的宴客餐桌吧！

材料 Ingredients

牛絞肉 250g
豬絞肉 250g
土司 1片
雞蛋 1顆
洋蔥 ¼顆
帕馬森起司 ¼杯
新鮮荷蘭芹 ¼杯
義大利麵紅醬（市售）
¼杯
牛奶 2½大匙
蒜末 1大匙
鹽 ¼大匙
胡椒粉 ¼大匙

作法 How to make

❶ 洋蔥切小丁；新鮮荷蘭芹切成細末；帕馬森起司用起司銼刀剉成粉末狀；土司撕成小碎片後，加入牛奶浸濕。

❷ 調理盆中放入牛絞肉、豬絞肉、雞蛋、❶的土司、洋蔥、荷蘭芹、帕馬森起司、鹽、胡椒粉拌勻後，持續摔打出筋性。

❸ ❷的絞肉放入土司烤模，填壓緊實，放入以175℃預熱好的烤箱，烤50分鐘。

❹ 肉餅烤熟後，倒掉烘烤時滲出的肉汁和油脂，義大利麵紅醬塗抹在肉餅頂部，再放回烤箱烤10分鐘，完成。

1

2

3

4

3
人份

香檬炸雞

不論什麼樣的聚會，炸雞絕對是炙手可熱、眾人哄搶的熱門餐點。
這道食譜搭配酸甜的檸檬醬汁，可以緩解炸物的油膩感。
炸雞也是很好的下酒菜，搭配什麼酒都很適合。

材料 Ingredients

雞柳條 300g
蛋白 2顆
檸檬 1顆
牛奶 1杯
太白粉 6大匙
水 6大匙
白砂糖 4大匙
薑汁 1大匙
醬油 ½大匙
食用油 適量
粗鹽 適量
鹽 少許
胡椒粉 少許

作法 How to make

① 調理盆中放入雞柳條，倒入牛奶醃漬10分鐘，使肉質更軟嫩後，用清水沖洗掉表面的牛奶，並擦乾水分，切成適口大小，再與薑汁、鹽、胡椒粉拌勻調味。調味好的雞柳塊放入調理盆中，加入蛋白、太白粉4大匙攪拌均勻。

② 檸檬表皮用粗鹽搓洗乾淨後，先切出5片薄片，剩下的果肉榨出檸檬汁4大匙。

③ 平底鍋預熱，放入②的檸檬汁、檸檬片、白砂糖、醬油、水4大匙，加熱至沸騰。取一個小碗，放入太白粉2大匙和水2大匙，拌勻成為太白粉水後，慢慢倒入平底鍋中，將檸檬醬汁勾成薄芡。

④ 油炸鍋中倒入多一點食用油，加熱至180℃左右時，放入①的雞柳塊炸熟後撈出。開大火使油溫升高後，再炸一次。炸2次可以使炸雞更酥脆。

⑤ 炸好的雞柳塊盛盤，淋上煮好的檸檬醬汁，完成。

1

2

3

4

5

TIP

勾芡用的太白粉水，太白粉和水的
比例為1：1。

東坡肉

東坡肉是將豬五花肉用醬油燉煮而成，可以說是中國最具代表性的菜色。
相傳是中國大文豪蘇東坡愛吃這道紅燒肉，因而取名為東坡肉。
東坡肉入口即化，肥而不膩，可以品嘗到滿口的肉汁和醬油的鹹香。

$$\frac{2}{\text{人份}}$$

材料 Ingredients

豬五花肉（整塊）
500g
青江菜 150g
細蔥 15g
大蒜 10瓣
大蔥 2根
月桂葉 2片
洋蔥 ½顆
胡椒粒 ½大匙
鹽 ½大匙

醬汁
大蒜 5瓣
乾辣椒 1根
水 ¼杯
醬油 4大匙
白砂糖 1大匙
果寡糖 1大匙
料理酒 1大匙

作法  How to make

❶ 平底鍋預熱，豬五花肉的表皮朝下放入鍋中，以中火將表皮煎成金黃色。

❷ 在❶的平底鍋中放入大蔥、洋蔥、大蒜、月桂葉、胡椒粒，加清水至淹過食材，煮40分鐘，將五花肉煮至熟透。

❸ 青江菜直切成對半。煮一鍋沸騰的熱水，放入鹽和青江菜燙熟後，用冷水沖涼降溫，並瀝乾水分。細蔥切成蔥花。

❹ 煮熟的五花肉撈出，取一個燉鍋，放入五花肉、醬汁材料一起燉煮，醬汁收乾至原來醬汁的一半時關火。

❺ 燉煮好的東坡肉切成適口的厚度並盛盤，旁邊擺上燙好的青江菜，淋上燉煮時的醬汁，撒上蔥花，上桌享用。

1

2

3

4

5

鮭魚排

鮭魚是高蛋白質、低卡路里的食材，頗受女性喜愛。
好的鮭魚可以直接生吃或做成沙拉，直接烤成鮭魚排也很美味。
烤鮭魚盡可能用最短時間烤熟，肉質才不會變得乾柴。

材料 Ingredients

鮭魚 300g
迷迭香 10g
酸黃瓜 5片
檸檬 1顆
洋蔥 ¼顆
美乃滋 3大匙
橄欖油 2大匙
果寡糖 1大匙
香草鹽 ¼大匙
粗鹽 少許
鹽 少許
胡椒粉 少許

作法 How to make

① 鮭魚洗淨，切成長條塊狀，放入烤箱用器皿中，撒香草鹽、胡椒粉調味後，淋上橄欖油，放上迷迭香，靜置30分鐘，醃漬入味。

② 檸檬用粗鹽搓洗表面後，對切成兩半，其中一半切片，另一半先用果皮銼刀剉出檸檬皮末1大匙，果肉部分榨出檸檬汁1大匙。切好的檸檬片鋪在①的鮭魚排上面。

③ 酸黃瓜片切成小丁；洋蔥切成小丁，放入冰水中浸泡，去除辛辣味後，瀝乾水分。

④ 取一個碗，放入③的酸黃瓜和洋蔥、②的檸檬汁和檸檬皮末、美乃滋、果寡糖、鹽、胡椒粉拌勻，調和成醬汁。

⑤ ②的鮭魚放入以180℃預熱好的烤箱，烤15分鐘。鮭魚排烤好後，淋上調好的醬汁一起享用。

1

2

3

4

5

TIP

沒有烤箱的話，可以用不沾鍋，以小火慢慢煎熟魚排，並將兩面煎成焦香金黃。

日式千層火鍋

日式千層火鍋是將食材立著沿鍋壁向內層層相疊後，所有食材一起煮的鍋物料理。
選用不同顏色的食材，使色彩更豐富，還沒煮就很賞心悅目。
家庭聚會時，端出一鍋日式千層火鍋，大家圍坐成一圈一起品嘗，
讓暖呼呼的日式千層鍋把氣氛變得更熱絡吧！

4
人份

材料 Ingredients

牛肉片（火鍋用）400g
綠紫蘇葉 20片
白菜嫩心 1顆
綠豆芽 2把
金針菇 1把
鮮香菇 2朵
湯醬油 2大匙

高湯
白蘿蔔 100g
小魚乾 ½把
乾蝦米 ½把
昆布（5x5cm）2片
水 3杯

鰹魚醬油露沾醬
青陽辣椒 1根
紅辣椒 1根
日式鰹魚醬油露
10大匙

甜辣沾醬
青陽辣椒 1根
甜辣醬 10大匙
蒜末 ½大匙

作法 How to make

① 高湯材料放入鍋中煮30分鐘以上，熬成高湯後，過濾掉材料。

② 兩種沾醬中的青陽辣椒和紅辣椒各自切成細末後，加入沾醬材料中拌勻，完成鰹魚醬油露沾醬和甜辣沾醬。

③ 綠紫蘇葉洗淨，剪掉突出的葉梗；鮮香菇剪掉香菇蒂，刻出十字花紋；金針菇切掉根部；白菜嫩心切掉根部，葉片一片一片清洗乾淨。

④ 取1片白菜葉，鋪上2片綠紫蘇葉，再鋪上1片牛肉片，重複此步驟4次，將食材一層層疊高後，切成3等份。

⑤ 綠豆芽去掉根鬚並洗淨，鋪入淺湯鍋中，將④的材料立著擺放，沿著鍋子內緣慢慢往中心排列，中心部位放上金針菇和鮮香菇。倒入①的高湯和湯醬油，開火煮至蔬菜和肉片都熟透，完成。搭配調好的鰹魚醬油露沾醬和甜辣沾醬一起享用。

1

2

3

4

5

2
人份

蘆筍培根卷

培根蘆筍卷的做法超級簡單，舉辦聚會或派對的時候，
端出這道料理，讓客人直接拿著吃，也別有一番滋味！

材料 Ingredients

蘆筍 6根
培根 6片
奶油 1大匙
橄欖油 1大匙
胡椒粉 少許

作法 How to make

① 蘆筍洗淨，擦乾水分。

② 取1片培根，蘆筍斜放在培根上，捲起來，培根包覆住蘆筍。

③ 平底鍋預熱，放入奶油和橄欖油後，放入②捲好的蘆筍培根卷，以中火煎至蘆筍熟透，培根表面焦香金黃，起鍋前撒上胡椒粉，完成。

1

2

3

烤雞

整隻雞放入烤箱中烤是較高級的雞肉料理。
現烤出爐的烤雞，雞皮金黃酥脆，雞肉鮮嫩多汁，
就是有股魅力，令人吃過還想吃，雖然做法較繁複，過一陣子還是會想再做來吃。
搭配啤酒一起吃，可以讓氣氛變得更親近；與紅酒一起品嘗，則可以營造高雅的氣氛。

3
人份

材料 Ingredients

雞 1隻
松茸 200g
奶油 100g
西洋芹葉子 20g
迷迭香 10g
蘑菇 5朵
馬鈴薯 3顆
洋蔥 2顆
胡蘿蔔 2根
檸檬 1顆
月桂葉 3片
大蒜 6瓣
胡椒粒 ½大匙
橄欖油 適量
鹽 少許
胡椒粉 少許

作法 How to make

❶ 雞的外皮和腹腔清洗乾淨，切掉雞翅的最末節、雞屁股及雞爪後，在雞的表皮和腹腔內撒鹽和胡椒調味，放入冰箱冷藏靜置1天。

❷ 大蒜洗淨；蘑菇對切成兩半；洋蔥和馬鈴薯各切成4等份大塊；胡蘿蔔切成適口大小；檸檬切片。取一個平底鍋預熱，倒入橄欖油，放入上述的蔬果，以中火將表面煎出金黃色澤。

❸ 在❶的雞腹腔內塞入西洋芹葉子、胡椒粒、奶油、迷迭香、月桂葉後，在其中一隻雞腳上用刀子刺出一個洞，將另一隻雞腳的末端塞入刺出的洞中，使雞的雙腳呈X形，封住腹腔內的材料。

❹ 平底鍋預熱，倒入橄欖油，放入❸的雞，以中火將雞的上下兩面煎出金黃色澤。

❺ ❷的蔬果和❹的雞放入烤箱用器皿中，並用鋁箔紙封起來，放入以200℃預熱好的烤箱，先烤25分鐘。

❻ 取出烤箱用器皿，拿掉蓋住的鋁箔紙，放回烤箱再烤30分鐘，大功告成。

1

2

3

4

5

6

蒜香奶油蝦

蝦子是許多人喜愛的食材，用奶油煎過，
可以品嘗到濃郁的奶油香和蝦子的鮮香味，很適合當作聚會餐點。
沒有聚會的時候，也可以將這道菜當作宵夜品嘗。

$$\frac{2}{人份}$$

材料 Ingredients

蝦子 12隻
洋香菜末 少許
鹽 少許
胡椒粉 少許

蒜香奶油
奶油 4大匙
蒜末 2大匙
白砂糖 1大匙
洋香菜末 少許
鹽 少許
胡椒粉 少許

作法 How to make

① 蝦子頭部的觸鬚、尖刺以及尾巴上的尾刺用剪刀剪掉，並剔除腸泥後，剝掉身體部位的蝦殼，清洗乾淨後，擦乾水分。

② 蝦子背部橫剖並攤開，撒上鹽和胡椒粉調味。

③ 蒜香奶油材料拌勻。此材料中的奶油請先放在常溫中軟化後再使用。

④ 蝦子整齊排入烤箱用器皿中，蝦身部位抹上蒜香奶油，撒上洋香菜末，放入以180℃預熱好的烤箱，烤15分鐘，即可享用。

1

2

3

4

Part

——————

7

一年四季都能守護餐桌的

手作
常備食品

醬菜、泡菜、果醬、抹醬、拌
醬等常備食品，可以自己用當
季盛產的蔬果製作，儲藏起來
慢慢吃。用透明的玻璃容器貯
存，可以呈現蔬果本身的豔麗
色彩，當作廚房裝飾擺設。沒
有配菜的時候、醬料不夠的時
候、想喝飲料的時候，拿出自
製的常備食品就能輕鬆解決這
些問題。有空時做好常備食
品，漂亮地擺在廚房，貯存的
同時也能裝飾廚房，看了就令
人心情愉悦！

貯藏美味，漂亮保存

消毒玻璃容器

貯存常備食品的容器因為要先加熱消毒，因此建議選用玻璃製的容器。瓶蓋也要能密封，才能讓食材更完整熟成，保存期限也能更延長。最安全的消毒方法就是放入水中加熱至沸騰，達到消毒的效果。

① 玻璃瓶洗淨，放入鍋中，加入冷水至淹過玻璃瓶。開中火加熱。玻璃對溫度變化較敏感，消毒時不要直接放入沸騰的熱水中，要從冷水開始慢慢加熱。

② 水沸騰時，轉小火再煮10分鐘，期間用夾子翻動玻璃瓶，使玻璃瓶每個部位都能消毒完全。

③ 用夾子夾出玻璃瓶，倒著放在通風的網架上，自然風乾。

保存方法

不只醬菜、泡菜、果醬、拌醬等常備食品，月桂葉、義大利麵、調味料、堅果類等食材都可以用透明的玻璃容器貯存，一眼就能看見內容物是什麼，整理和收納也比較方便。特別是堅果類食材務必要用密封容器盛裝，放入冰箱冷藏保存，因為堅果類富含不飽和脂肪酸，接觸空氣後容易酸敗，產生油耗味，在常溫下也容易發霉並產生致癌物質。

用透明玻璃容器貯存糖漬水果和西式泡菜等醃漬物，直接就能看到裡面裝什麼東西，取用時更方便。此外，玻璃容器可以加熱消毒，跟透明塑膠容器相比也比較衛生。各形各色的常備食品裝入透明玻璃瓶中貯存，無論是單獨擺放或整齊陳列，都兼具裝飾廚房的效果。造型特別的玻璃瓶還可以用來插花或變化成燈飾小物。

運用方法

常備食品的製作過程大致類似，但完成品的顏色和風味卻因為食材不同而有極大變化。常備食品的種類很多。果醬、柑橘醬、糖煮水果適合抹土司或餅乾食用，也可以搭配鬆餅、法式土司、冰淇淋、優格一起品嘗。青醬除了煮義大利麵以外，還可以抹麵包，或是和海鮮及肉類一起烹調。醬菜、西式泡菜等醃漬物則可以當作小菜。糖漬水果在夏天可以加汽水調和成水果冷飲，冬天則可以加熱水或熱茶調和成熱水果茶。

果醬 Jam/Confiture
水果加入白砂糖熬煮，使水果中的果膠釋放而做成，是常備食品中最具代表性的種類之一。

柑橘醬 Marmalade
與果醬類似，專指用柑橘類的果皮和果肉製作而成的果醬。

糖煮水果 Compote
水果加糖後，以小火慢慢熬煮而成，與果醬最大的差異在於糖煮水果看得到大塊或完整的果粒。

青醬 Pesto
不經過加熱的義大利代表性醬料，主材料原本是羅勒，近幾年也有用綠紫蘇葉或菠菜製作的青醬。

糖漬水果
韓國常見的水果醃漬法，水果不經過加熱熬煮，直接加糖醃漬而成，保留水果原本的香氣和味道。待白砂糖完全融化並與水果一起熟成，變成有水果味的糖液時，即可使用。

西式泡菜 Pickle
蔬菜或水果用香料醋水浸泡而成，適合搭配義大利麵、披薩等西式料理食用。

醬菜
蔬菜加醬油、醋、辣椒醬等調味料醃漬而成，可以延長生鮮食材的保存期限，常當作配飯的小菜。

糖煮無花果

無花果的產期大約是8～11月，
在夏天轉入秋天的時候，用當季無花果製作這道糖煮無花果吧！
放在冰淇淋上一起享用，趕走入秋的暑氣吧！

材料 Ingredients

無花果乾 10顆
紅葡萄酒 ½杯
白砂糖 1大匙
肉桂粉 ¼大匙

作法  How to make

❶ 無花果乾對切成兩半。

❷ 鍋中放入無花果乾、紅葡萄酒、白砂糖、肉桂粉，用大火加熱。

❸ 紅葡萄酒沸騰後，轉中小火再煮5分鐘。

❹ 煮好的糖煮無花果裝入貯存容器，靜置冷卻後，蓋上蓋子，放入冰箱冷藏保存。

1

2

3

4

糖煮藍莓

小巧可愛的藍莓被譽為超級食物，具有預防多種疾病的效用。
因此被廣泛運用，製作成多種健康食品。
使用有益健康的藍莓製作成對身體有益的糖煮藍莓吧。

材料 Ingredients

藍莓 100g
白砂糖 50g
檸檬汁 1大匙

作法 How to make

❶ 鍋中放入藍莓、白砂糖、檸檬汁。

❷ 以中火煮10分鐘，攪拌時動作要輕柔，保持果粒完整。

❸ 完成的糖煮藍莓裝入貯存容器，靜置冷卻後，蓋上蓋子，放入冰箱冷藏保存。

1

2

3

TIP

藍莓和白砂糖的比例以2：1為佳。

鳳梨果醬

在土司上抹上厚厚的果醬，大口大口吃最美味了。
鳳梨的味道酸酸甜甜，含豐富營養素，
具有消除疲勞、幫助消化的功效，是很好的健康食材。

材料 Ingredients

鳳梨 120g
白砂糖 40g
檸檬汁 1大匙

作法  How to make

① 鳳梨果肉放入食物調理機中，攪打成稍微有果粒的泥狀。

② 鍋中放入①的鳳梨、白砂糖、檸檬汁。

③ 用中火加熱，持續攪拌，直到果醬變濃稠後關火，靜置冷卻。

④ 裝入貯存容器中，放入冰箱冷藏保存。

TIP

鳳梨和白砂糖的比例以3：1為佳。用大火熬煮的話，做出來的鳳梨果醬顏色會較暗黃。

1

2

3

4

番茄果醬

番茄有豐富的營養素,特別是維生素C,
吃下一顆番茄就能補充½每日建議維生素C攝取量。
營養滿分的番茄製作成果醬,不須顧慮產期,一年四季都能享用得到。

材料 Ingredients

番茄 400g
白砂糖 100g

作法 How to make

❶ 番茄洗淨後,在尾端劃上十字切口。

❷ 番茄放入沸騰的熱水中煮一下,再放入冷水中浸泡後,剝掉番茄外皮。

❸ 番茄切成小丁。

❹ 鍋中放入❸的番茄、白砂糖,以大火煮5分鐘後,轉中火煮至濃稠狀。

❺ 關火後,趁熱裝入貯存容器中,靜置冷卻後,蓋上蓋子,放入冰箱冷藏保存。

1

2

3

4

5

TIP

番茄和白砂糖的比例以4:1為佳。

柳橙柑橘醬

清爽的柳橙柑橘醬做好之後，搭配餅乾一起吃看看吧！
柑橘醬可以讓餅乾變得更好吃，當作孩子下課後的點心，他們一定很喜歡。

材料 Ingredients

柳橙 300g
白砂糖 150g
小蘇打粉 3大匙
粗鹽 少許

作法  How to make

❶ 水中放入小蘇打粉拌勻，放入柳橙浸泡30分鐘，再用粗鹽搓洗表皮，去除表面的農藥後，再用清水清洗乾淨，並擦乾水分。

❷ 用果皮刨刀刨下柳橙表皮，用熱水川燙一下後，用刀背或湯匙將果皮內白色部分刮除，只留下橘黃色果皮並切成絲。

❸ 柳橙果肉放入食物調理機中打成泥。

❹ 鍋中放入❸的果肉泥、❷的橘皮、白砂糖，以大火煮5分鐘。

❺ 轉中火慢慢熬煮至濃稠狀。趁熱裝入貯存容器中，靜置冷卻後，蓋上蓋子，放入冰箱冷藏保存。

1

2

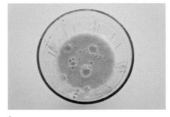
3

4

5

TIP

熬煮柳橙時，若有泡沫產生，請用湯匙撈掉，做出來的柑橘醬味道會更純淨。

糖漬萊姆

用木糖醇製作糖漬萊姆，甜度和蔗糖相當，但是熱量可以降低許多，吃起來更健康。
在汽水中加入糖漬萊姆，再用薄荷葉裝飾一下，就完成一杯好喝又漂亮的萊姆冷飲了。

材料 Ingredients

萊姆 400g
木糖醇
（或一般白砂糖）400g
小蘇打粉 3大匙
粗鹽 少許

作法  How to make

❶ 用粗鹽搓洗萊姆表皮後，萊姆整顆放入熱水中燙20秒。

❷ 另外準備冷水，加入小蘇打粉拌勻，放入萊姆浸泡30分鐘，去除表面的農藥後，用清水洗淨，並擦乾水分。

❸ 萊姆切薄片。

❹ 調理盆中萊姆、木糖醇（或白砂糖）300g拌勻。

❺ ❹的萊姆和剩下的木糖醇（或白砂糖）100g一層一層鋪入貯存容器內，蓋上蓋子。在常溫下放置半天，砂糖完全融化後，放入冰箱冷藏3天，使其熟成。

1

2

3

4

5

糖漬葡萄柚

葡萄柚有分解脂肪的功效，是眾所周知的減重食品，微酸微甜的滋味是其魅力所在。
做好糖漬葡萄柚可以很方便地調製成飲品享用。

材料 Ingredients

葡萄柚 800g
白砂糖 400g
小蘇打粉 3大匙
粗鹽 少許

作法 How to make

① 水中放入小蘇打粉拌勻，放入葡萄柚浸泡30分鐘，再用粗鹽搓洗表皮，去除表面的農藥。用清水清洗乾淨，並擦乾水分。

② 葡萄柚切薄片。

③ 調理盆中放入葡萄柚和白砂糖300g拌勻。

④ ③的葡萄柚和剩下的白砂糖100g一層一層鋪入貯存容器內，蓋上蓋子，在常溫下放置半天後，放入冰箱冷藏一星期，使其熟成。

TIP

糖漬葡萄柚可以加熱水或熱紅茶調成葡萄柚熱飲，或是加冰汽水調成葡萄柚冷飲。

1

2

3

4

蘿蔔洋蔥醬菜

醬菜的保存期限較長，是不可或缺的小菜種類之一。
製作看看保留了白蘿蔔和洋蔥爽脆口感的蘿蔔洋蔥醬菜吧！

材料 Ingredients

白蘿蔔 400g
洋蔥 2顆
青陽辣椒 2根

醬汁
醬油 1杯
白砂糖 1杯
水 ½杯
醋 ½杯

作法 How to make

❶ 白蘿蔔和洋蔥切成方形小片狀；青陽辣椒切成圈狀。

❷ 鍋中放入醬汁材料加熱煮至沸騰。

❸ ❶的蔬菜放入貯存容器內，趁熱倒入沸騰的❷的醬汁。在常溫下放置一天後，放入冰箱冷藏一星期，使其熟成。

1

2

3

獅子辣椒醬菜

獅子辣椒盛產於夏季，表面微皺，通常用清炒或醬燒的方式烹調。
這個食譜用醃漬的方式做成醬菜，吃飯的時候，夾出一些當配菜，餐桌更豐盛。

材料 Ingredients

獅子辣椒 200g
醬油 1杯
醋 ½杯
白砂糖 ½杯
清酒 ½杯

作法 How to make

① 獅子辣椒清洗乾淨後，完全擦乾表面水分，辣椒蒂剪短，辣椒末端剪出一個小洞，方便醬汁充分浸泡入味。

② 鍋中放入醬油、醋、白砂糖、清酒煮至沸騰。

③ 獅子辣椒放入貯存容器內，趁熱倒入沸騰的②的醬汁。在常溫下放置半天後，放入冰箱冷藏10天，使其熟成。

1

2

3

使用當季食材製作好常備食品後，

漂亮地裝入貯存容器，整齊收納在廚房，

用五顏六色的常備食品將廚房點綴得五彩繽紛吧！

球芽甘藍泡菜

小巧可愛的球芽甘藍雖然個頭嬌小，但是營養素和效用卻不亞於大顆的甘藍菜，
富含植物營養素（phytonutrients）和硫代配糖體（glucosinolate）等成分，
具有預防癌症和心臟疾病的效用。
有甘藍菜的甘甜，只要去除多餘的莖和外層纖維較粗的葉子，
當作水果生吃也很好吃。

材料 Ingredients

球芽甘藍 20顆
義大利乾辣椒 3根
月桂葉 1片
水 2杯
醋 1杯
白砂糖 1杯
鹽 ½大匙
西式醃漬香料 ½大匙

作法 How to make

① 鍋中放入水、醋、白砂糖、鹽、醃漬香料、月桂葉，
以大火煮5分鐘後，撈掉辛香料，靜置冷卻，完成泡菜
醃汁。

② 球芽甘藍去除多餘的莖和外層纖維較粗的葉子，清洗
乾淨後，擦乾水分。

③ 球芽甘藍對切成兩半。

④ 球芽甘藍放入貯存容器內，再放入義大利乾辣椒及①的
泡菜醃汁，放入冰箱冷藏4～5天。4～5天後，倒出泡
菜醃汁再煮沸一次，靜置冷卻，倒回裝著球芽甘藍的
貯存容器內。

1

2

3

4

TIP

球芽甘藍泡菜很適合搭配牛排等
肉類料理一起享用。

柚香蓮藕泡菜

蓮藕有助提高免疫力，但是有人不喜歡或是不敢吃蓮藕。
這時候就試試看加入柚子一起做成西式泡菜吧！
爽脆的蓮藕和香甜的柚子組合真是超級絕配。

材料 Ingredients

蓮藕 300g
水 3杯
醋 1杯
糖漬柚子 4大匙
白砂糖 1大匙
鹽 ½大匙

作法 How to make

❶ 蓮藕洗淨，削去外皮，切薄片。

❷ 鍋中放入水、醋、糖漬柚子、糖、鹽，開火煮至沸騰後，靜置冷卻，完成泡菜醃汁。

❸ ❶的蓮藕放入貯存容器內，再倒入❷的泡菜醃汁。在常溫下放置半天後，放入冰箱冷藏一星期。一星期後，倒出泡菜醃汁再煮沸一次，靜置冷卻，倒回裝著蓮藕的貯存容器內。

TIP

糖漬柚子做法：
韓國柚浸泡小蘇打水並用粗鹽洗淨表皮，剝開柚子皮，分開果皮和果肉，各自切成絲。柚子皮、柚子肉、白砂糖分層放入貯存容器，蓋上蓋子密封後，待其熟成，即完成糖漬柚子。韓國柚和白砂糖的比例為1：1。

1

2

3

綠紫蘇葉青醬

試試看用綠紫蘇葉製作青醬吧！
與羅勒的味道和香氣不同，綠紫蘇葉做的青醬也別有一番風味喔！

材料 Ingredients

綠紫蘇葉 200g
杏仁 45g
帕馬森起司 15g
橄欖油 10大匙
蒜末 ½大匙
鹽 少許
胡椒粉 少許

作法 How to make

❶ 綠紫蘇葉清洗乾淨後，擦乾水分。

❷ 綠紫蘇葉、杏仁、帕馬森起司、橄欖油、蒜末、鹽、胡椒粉一起放入食物調理機中，攪打均勻。

❸ 裝入貯存容器中。

1

2

3

羅勒青醬

週末的午餐很適合用羅勒青醬來製作料理。
除了製作青醬義大利麵之外，還可以當作麵包或三明治的抹醬。

材料 Ingredients

羅勒 200g
松子 30g
帕馬森起司 15g
橄欖油 10大匙
蒜末 ½大匙
鹽 少許
胡椒粉 少許

作法 How to make

❶ 羅勒清洗乾淨後，擦乾水分。

❷ 羅勒、松子、帕馬森起司、橄欖油、蒜末、鹽、胡椒粉一起放入食物調理機中，攪打均勻。

❸ 裝入貯存容器中。

1

2

3

日日餐桌

120道常備菜‧早午餐‧今日特餐‧韓式小菜‧單盤料理‧療癒料理‧聚會餐點，
天天都是下廚好日子

作　　　者	洪抒佑
譯　　　者	林芳仔
執 行 長	陳蕙慧
總 編 輯	曹　慧
主　　　編	曹　慧
美術設計	比比司設計工作室
行銷企畫	陳雅雯、尹子麟、張宜倩
社　　　長	郭重興
發行人兼 出版總監	曾大福
編輯出版	奇光出版／遠足文化事業股份有限公司 E-mail: lumieres@bookrep.com.tw 粉絲團：https://www.facebook.com/lumierespublishing
發　　　行	遠足文化事業股份有限公司 http://www.bookrep.com.tw 23141新北市新店區民權路108-4號8樓 電話：（02）22181417 客服專線：0800-221029　傳真：（02）86671065 郵撥帳號：19504465　戶名：遠足文化事業股份有限公司
法律顧問	華洋法律事務所 蘇文生律師
印　　　製	成陽印刷股份有限公司
二版一刷	2021年1月
定　　　價	500元

國家圖書館出版品預行編目（CIP）資料

日日餐桌：120道常備菜‧早午餐‧今日特餐‧
韓式小菜‧單盤料理‧療癒料理‧聚餐料理，
天天都是下廚好日子／洪抒佑著；林芳仔譯. --
二版. -- 新北市：奇光出版：遠足文化事業股份
有限公司發行，2021.01

　　面；　公分

譯自：The best day for cooking

ISBN 978-986-99274-5-1（平裝）

1.食譜

427.1　　　　　　　　　　　　109019613

讀者線上回函